U0332370

来吧，进入我们的自然学校，

聆听鸟语蝉鸣，细嗅花草芬芳，

一起聊聊花儿的故事，

一起看看它和昆虫朋友如何相处，

还可以相约小伙伴跟着小然老师

踏上充满惊喜的探索之旅……

FLOWERS AND THEIR FRIENDS

花儿和它的朋友

玛格丽特·华纳·莫莉 著

肖林振 译 | 张丽 审

SPM

南方出版传媒

广东海燕电子音像出版社

·广州·

图书在版编目（CIP）数据

花儿和它的朋友 /（美）玛格丽特·华纳·莫莉著；
肖林振译. —广州：广东海燕电子音像出版社，2018.7
ISBN 978-7-83008-443-1

Ⅰ．①花…　Ⅱ．①玛…　②肖…　Ⅲ．①花卉—儿童
读物　Ⅳ．①S68-49

中国版本图书馆CIP数据核字（2017）第264163号

出 版 人　刘子如
责任编辑　龙起雯　王琳琳　张芷瑜　庄慧慧
封面设计　莹　莹
责任技编　廖红琼
丛书策划　和尚猫文化传播（北京）有限公司

花儿和它的朋友
Huaer He Tade Pengyou

出版发行　广东海燕电子音像出版社
　　　　　（广州市花城大道6号名门大厦豪名阁25楼）
经　　销　广东新华发行集团
印　　刷　佛山市浩文彩色印刷有限公司
　　　　　（佛山市南海区狮山科技工业园A区兴旺路6号）
规　　格　890 mm × 1240 mm
开　　本　32开
印　　张　6
字　　数　120千字
版　　次　2018年7月第1版
印　　次　2018年7月第1次印刷
定　　价　36.00元

质量监督电话：（020）38299245　**购书咨询电话：**（020）38796146

给孩子的寄语

亲爱的孩子：

阅读一本非母语的书可不是件易事，你很快就会因疲倦而合上书本。同样的道理，阅读一本晦涩难懂的中文书，也是一件索然无味的事情。

阅读这本书的时候，我希望你永远不会有这样的体验。如果你不知道某个词语的意思，那就去查查字典吧。也许你会发现，字典也是一本饶有趣味的书。

与此同时，赶快与花儿和它的昆虫朋友们成为好朋友吧。不要忘了，认识它们最好的方法是观察、观察、再观察。

玛格丽特·华纳·莫莉

目 录

——◦◦❖◦◦——

牵牛花的故事

旱金莲的故事

凤仙花的故事

花儿的故事

牵牛花的故事

花 朵

————◇————

牵牛花和有苞片的旋花可能会被误认为是亲姐妹，因为它们长得很像。尽管旋花多是野生的，而牵牛花多由我们栽培，但毫无疑问的是它们之间的关系很近。

旋花生长于乡间，缠绕在路边的篱笆上。整个夏天，你都能见到它那粉白色的花朵，如果找对了地方。

旋花过着一种乐呵呵的生活，总是在缠绕、缠绕、缠绕……叶子向着阳光，花朵在纤细的茎上跳舞。

旋花常被叫作野牵牛，我们和蜜蜂都很喜欢它。我们喜欢看着它，蜜蜂可能也是如此。不过，蜜蜂喜欢它还有另一个原因，当你观察一只蜜蜂飞向一朵旋花的时候，便会找到答案。蜜

大花牵牛

蜂急忙飞进花朵，你不禁想它是在寻找什么好东西吧。情况确实如此。它拍打着透明的翅膀，"嗡嗡嗡"拼命往里钻，然后伸出长长的棕色舌头吮吸花蜜。花朵为蜜蜂生产花蜜，并存放在花朵的最里面。花朵底部有五个开口，直通存放花蜜的地方。你只需去瞧一瞧牵牛花就能发现这些花蜜，所有品种的牵牛花和旋花都是这样的。

蜜蜂当然知道这一点，所以只要发现牵牛花，你就会看见它的朋友蜜蜂飞来飞去。

我们非常有福气，因为有很多花朵都会为它的昆虫朋友们提供花蜜。否则，我们就见不到蜜蜂和蝴蝶，也吃不到花蜜，因为没有花蜜，蝴蝶和蜜蜂无法生存。

花蜜有一个特殊的名字，叫作百花精，意思是花朵的精华。我想最好还是下回给你讲它名字的故事。

花朵存储花蜜的地方叫作蜜腺。

无论什么时候，飞到花朵上喝一口花蜜都是

一件无比惬意的事情。但如果我告诉你，除了花蜜，蜜蜂还能从花朵中得到花粉蜜，你会有何感想呢？

事情是这样的，你光吃花蜜可活不长，蜜蜂也是。你也无法光靠花粉蜜和花蜜过活，但蜜蜂就能这样子生活。花粉蜜比我们吃的食物更有营养。事实上，它的地位比得上肉类、蛋类、牛奶和其他一切我们费力去获得的食物。

你不知道蜜蜂是怎么得到花粉蜜的？那是因为你不是蜜蜂。如果是，你便能立刻发现其中的奥秘。

当你看见一只蜜蜂匆忙地飞向一朵牵牛花，必须赶紧睁大眼睛看，否则在你看清楚之前它就已跑远。

蜜蜂会吮吸花蜜，并极有可能会在花朵与花朵中直立的针状白色小梗之间辗转徘徊。它可不是在玩耍，也不是因为感到困惑而不知道下一步该去哪里。它是在采集美味的花粉，用来制作花粉蜜。

/ 花儿和它的朋友 /

如果把一根手指头放在牵牛花里，那么你也能采集到花粉，你会看到手指上面粘着白色的粉末。这就是蜜蜂用来制作花粉蜜的东西，我们叫它花粉。如果仔细观察牵牛花的花朵，我们就能看到花粉存储在五个小室中。

这些小室叫作花药，它的一侧裂开一条缝，蜜蜂用它逗人的小短腿伸进缝隙刮出花粉，再用花蜜将花粉弄湿，打包放在后腿的花粉篮里，或是粘在身体下侧的绒毛上。然后，它飞回家，卸下"货物"放进蜂巢，留待将来使用。

制作花粉蜜并不费劲，假如你是蜜蜂又知道方法的话。这既不需要发面也不需要烘焙，但如果你或我去做的话，恐怕蜜蜂也不会喜欢吃。

花药

花丝

雄蕊

花冠中间有白色的小长梗，叫作花丝，花药就长在花丝的顶端。牵牛花因为有五个花药，所以就有五个花丝。花药和花丝被统称为雄蕊。

除此之外，我们还能在牵牛花的花朵里发现其他东西。其中有一样东西，如果没有了它，那么我们去了解花蜜和雄蕊也就失去了意义，它才是真正有趣的东西。花蜜和雄蕊之所以会存在，正是因为它。

它生长在花朵的正中心，雄蕊站成一个圈环绕在它周围。它就像一根电线杆一样挺立着，顶端有一个疙瘩。疙瘩通常都位于雄蕊上方。当花朵凋谢后，雄蕊也会凋谢，它却不会凋谢，它待在茎干上，你能更清楚地看见它。

它叫作雌蕊，它既无花蜜也无花粉。但对于植物来说，正因为它，蜜蜂和蝴蝶拜访花朵才有了意义。

这里有它的一幅图，你仔细看看。顶部的疙

/ 花儿和它的朋友 /

瘩叫作柱头，长长的部分叫作花柱，基部圆形的部分叫作子房。

柱头

花柱

子房

雌蕊

仔细观察整棵牵牛花，你会发现许多处在不同生长期的雌蕊。当花朵初谢，子房还很小，上面顶着花柱和柱头；不久花柱和柱头凋落，只有子房留下来。它不断膨胀，越长越大。你猜这里面装满了种子？猜对了，子房就是果实，里面是种子。种子就从雌蕊的部分发育而来。

现在你已经知道，雌蕊非常重要。我建议你再换一个角度想想。如果没有种子，就不会有植物，所以雌蕊的一部分发育成种子是一件非常重要的事情。

种子刚形成时，十分微小、柔软、脆弱。它待在子房内部，这时我们还不能叫它种子，我们叫它胚珠。"胚珠"的意思是"小蛋"，事实上胚珠就是植物产下的蛋。稍作思考，你就会同意这个说法。

如果一切进行得顺利，这粒微小柔软的胚珠

7

就会长大变成一粒坚硬的种子。但它无法独自完成这个过程，它还需要帮助。可能你猜不到是什么东西提供了帮助，所以我直接告诉你：是花粉。如果一粒花粉能与一粒胚珠结合，那么两者就能共同发育成一粒种子。所以花粉的存在不单是为了蜜蜂，还为了结下种子。

蜜蜂是把花粉传播给胚珠的信使。你看，牵牛花的花粉粒附着在柱头下方的花药上；而花粉只有到达柱头上才能经过花柱进入子房。关于这一切，我们稍后再讲。现在只要记住一点，花粉一定要到达柱头，是蜜蜂把花粉带到了柱头。然而，这只是蜜蜂的无心之举。蜜蜂采集花粉只是为了自己用，而在这个过程中，它那附着了花粉的身体会碰到柱头，一些花粉仍旧附着在它身体上，另外一些则粘在了柱头上。

当雌蕊成熟后，柱头就会变得黏糊糊的，花粉一碰到它就会被粘住。胚珠和花粉的结合被称作受精，植物通过昆虫传播花粉而受精。

因此，花粉是为了种子而存在的。花蜜也是为了种子而存在的，因为它吸引昆虫过来帮助花朵受精。甚至花冠多彩亮丽的颜色，也是为了吸引昆虫的注意力，招呼它们飞过来。花冠是由于它的形状像皇冠而得名。

花冠并不是唯一包裹着花朵的部分。在花朵底部，靠近花梗的地方，你会看见绿色的花萼。当花冠凋落后，花萼还在，保护着柔弱的子房。牵牛花的花萼有五片萼片，它们环绕在子房周围，像一只绿色的花瓶保护着子房的安全。

花萼

当胚珠准备好接受花粉时，花朵绽放美丽的花冠，暗示着这株植物新一轮生命历程的开始。

田野和花园中的花朵楚楚可爱，看着它们，我们不禁感觉到未来充满希望。

明艳的花朵

和牵牛花一样，大多数花朵都有花冠、雄蕊和花蜜，来帮助雌蕊结下种子。

香豌豆也一样。曾有人跟我讲起它的故事，我想把它分享给你，因为我觉得这将帮助你记住花朵的不同部位和它们的用处。

这是一朵明艳的花。

这是雄蕊，生长在这朵明艳的花朵中部。

这是花药，它生长在雄蕊顶端，雄蕊生长在这朵明艳的花朵中部。

这是花粉，它附着在花药表面，花药生长在雄蕊顶端，雄蕊生长在这朵明艳的花朵中部。

这是蜜蜂，它在采集花粉，花粉附着在花药表面，花药生长在雄蕊顶端，雄蕊生长在这朵明艳的花朵中部。

这是柱头，它轻触着蜜蜂，蜜蜂采集花粉，

花粉附着在花药表面，花药生长在雄蕊顶端，雄蕊生长在这朵明艳的花朵中部。

这是花柱，它连接着柱头，柱头轻触着蜜蜂，蜜蜂采集花粉，花粉附着在花药表面，花药生长在雄蕊顶端，雄蕊生长在这朵明艳的花朵中部。

这是子房，它位于花柱下方，花柱连接着柱头，柱头轻触着蜜蜂，蜜蜂采集花粉，花粉附着在花药表面，花药生长在雄蕊顶端，雄蕊生长在这朵明艳的花朵中部。

这是胚珠，它隐藏于子房中，子房位于花柱下方，花柱连接着柱头，柱头轻触着蜜蜂，蜜蜂采集花粉，花粉附着在花药表面，花药生长在雄蕊顶端，雄蕊生长在这朵明艳的花朵中部。

这是种子，它从胚珠生长而来，胚珠隐藏于子房中，子房位于花柱下方，花柱连接着柱头，柱头轻触着蜜蜂，蜜蜂采集花粉，花粉附着在花药表面，花药生长在雄蕊顶端，雄蕊生长在这朵明艳的花朵中部。

保护着子房的花萼

花 萼

牵牛花的花萼是绿色的；

牵牛花的花萼非常坚硬；

牵牛花的花萼保护着子房。

它由五片绿色的萼片组成。

萼片像屋顶上的瓦片那样一片片叠着，保护子房不受雨淋，还能抵御昆虫的侵犯。

花萼包裹着花冠的基部，像一个绿色的小花瓶。它不像花冠那样艳丽，但花朵要是没有它可就麻烦了。

牵牛花的花萼

亲爱的花朵

多么美丽的花朵啊，

蜜蜂不远千里飞来。

多么精致的花朵啊，

蜜蜂近身与你相伴。

绽放的牵牛花

多么小巧的花朵啊，

蜜蜂深入探寻花蜜。

多么甜蜜的花朵啊，

蜜蜂殷勤找寻花蜜。

"花儿，花儿，请给我花蜜，

我想要你甜甜的花蜜。

我会给你钱和爱，

给你很多钱，很多很多爱。"

"亲爱的，我给不了你花蜜哟。

你想知道原因吗？

蜜蜂给我的回报胜过钱财。

它们有翅膀，而你不会飞！

我用花蜜吸引它们，

给它们吃我家的美食。

它们扇动翅膀无意间撒播了花粉，

躺在摇篮里的胚珠可要感谢它们。"

花儿抚育下一代，

离不开珍贵的花粉粒。

花儿寄希望于蜜蜂，

蜜蜂也从不会让花儿失望。

牵牛花的故事 >

花园里的故事

叶子底下，映衬着牵牛花卷起来的花蕾。忽然有一天，它就开放了。花梗稳稳地托起绽放的花朵，非常漂亮。

蜜蜂远远地就瞧见了，飞快赶来。它们飞向粉色的花冠，然后把头探进去，享受采蜜的乐趣。

牵牛花盛满了花蜜，打开盛着雪白花粉的花药，迎接它们。蜜蜂一个接一个来访，吮吸花蜜，带走花粉。

蜜蜂和熊蜂身上长着携带花粉的花粉篮，其他种类的蜂类用身体上的长绒毛携带花粉。

牵牛花在阳光下光彩照人，摇曳生姿。与此同时，它的种子也准备开始孕育，蜜蜂是最受花朵欢迎的客人。

想象一下，要是花朵会说话，它可能就会说："这是我的种子宝宝的生日聚会，亲爱的蜜蜂，

卷起来
的花蕾

| 花儿和它的朋友 |

要常来串门啊，请吮吸我的花蜜，带走我的花粉。只不过，你要像好心的仙子那样，给每个种子宝宝都送一份礼物。"

蜜蜂飞快地从一朵花飞向另一朵花，吸走花蜜带回家，做成牵牛花蜜。它们还采集雪白色的花粉，做成花粉蜜。好心的蜜蜂并不将花粉全都带走，而是留下一些当作礼物送给种子宝宝。

种子宝宝的孕育需要花粉，而且它们需要来自于另一株花的花粉。所以蜜蜂带来的花粉，远比童话里的仙子送给人类小孩的任何东西都宝贵。

这就是牵牛花如此热烈欢迎蜜蜂的原因。牵牛花没办法将花粉传播给

蜜蜂传播花粉

另一株花，因为花朵不能移动，所以牵牛花就请了蜜蜂来帮忙。

在花园里，牵牛花迎风摇曳，似乎在互相喃喃低语。"我会派我的蜜蜂到你那里。"一朵花对另一朵说。然后，一只蜜蜂飞了过去，友好地留下了这一朵花的花粉粒。就像这样，牵牛花整天都在交换花粉，每朵花都能从不同的邻居那里得到大量花粉，用来孕育自己的种子宝宝。

牵牛花会盛开一整天，从日出到日落，花蜜和雪白的花粉也都非常充足。当夜幕降临时，蜜蜂都回家睡觉去了，牵牛花也要休息了。牵牛花卷曲花冠的边缘，合上花朵。

第二天，大多数牵牛花不会再开放。它们的花蜜已经消耗殆尽，花药里的花粉也已经消耗殆尽。不久之后，花冠会凋谢，看起来不再美丽，随后落下来，花朵的使命就完成了。它们曾经无比美丽和生机勃勃，蜜蜂被它们的美丽所吸引，飞过来帮忙传播花粉。现在，它们凋零谢幕了，空无一物的枯萎花药也随之掉落。

不过，它们留下了生生不息的希望，因为每粒小种子都已得到了确保自己健康长大的花粉粒。

花冠和雄蕊凋落，种子宝宝仍旧依附在花梗上，它们躺在摇篮里，被绿色的萼片温柔地包裹着。而后，细小的花梗就低下了头，把小摇篮隐藏在叶子下面。

种子宝宝不断长大，它们很快就会从摇篮中跑出来。令人惊奇的是，这些摇篮也会长大。它们紧跟种子的速度变大，以确保种子住得温暖、舒适又安全。

整个夏天，直至冬天来临开始漫长的冬眠之前，一朵朵牵牛花在

花朵凋落，
花梗低下头

清晨打开花蕾。整个夏天，一朵朵鲜艳的牵牛花盛满花蜜，打开花药迎接蜜蜂。整个夏天，一个个种子宝宝接收花粉，和它们的摇篮一起长大。

过了一段时间后，绿色的摇篮变成棕色。再过一段时间，棕色的摇篮打开，种子宝宝第一次看到外面的世界，此时已是黑色的它们从摇篮里掉出来，滚落在泥土上，一点也不疼，风吹过，给它们盖上了叶子，就像林子里的鸟儿呵护着它的宝宝一样。小小的黑色种子就这样躺在摇篮一般温暖舒适的地里。

下雪啦！种子和树叶上面好像铺上了一张地毯，白雪让它们保持温暖，直到冬去春来，种子开始伸展身体，探出头来看看外面的大世界。

胚　珠

胚珠准备发育时，牵牛花花蕾也准备绽放。精致的子房包裹着胚珠，紧紧闭合着。雄蕊的白色花丝群环绕着子房，但此时你还不能看见子房，因为花丝紧贴着它。

花丝长到花柱半腰高。所以白色的柱头在花药的上方，花药和柱头都是为了胚珠而存在的。

不过，这并不是全部。

花蕾待放

花冠的下半部像个白色的圆筒，里面装着雄蕊和雌蕊，花冠的上半部美丽而且大大张开，非常容易被蜜蜂发现，吸引它们来帮助胚珠。

不过，这并不是全部。

绿色花萼的萼片围绕在花冠基部。当花冠凋落后，花萼就会严实地包裹住子房，帮助子房保护胚珠。

不过，这并不是全部。

当蜜蜂飞过来留下生命的讯息后，当花冠凋谢掉落后，花梗就会低垂下来，子房和它的种子就会掩藏在叶子底下。

不过，这并不是全部。

叶子昼夜不息地工作，它们吸收空气中的养分，并把养分转换为食物，供养整株植物，其中一些送达胚珠。

不过，这并不是全部。

根还会从坚实的泥土中吸取养分，它们帮助叶子生产食物。

不过，这并不是全部。

食物通过茎，从根到达叶，从叶到达花，再到达胚珠。

花儿为什么为胚珠——花朵中心的白色小颗粒——做这么多事情？花

供给食物的
叶子和根部

| 花儿和它的朋友 |

儿为什么这样关心照顾胚珠呢？花儿为什么为又白又小的胚珠绽放艳丽的花冠、安排巧妙的保护措施、输送养分呢？

看一看子房内部，你就能瞧见它们了。它们是五粒白色的小东西，又小又软，让你觉得它并不值得被如此小心呵护。

再仔细看看，好好想想。它们虽然很小，但是十分神奇。它们生长在子房里，通过子房上的小柄吸收养分。它们穿着有小孔的精致外衣，花粉通过这个小孔进入。

当花粉进入胚珠以后，小孔闭合，胚珠将会变得强壮，生机勃勃。它们通过小柄吸收叶子输送的养分。它们长得越来越大，越来越结实。它们不再是一粒又白又小的圆东西，它们长出了两片子叶、一根茎，两者之间还有一个嫩芽。

现在的它们不再是胚珠，而是种子，是沉睡中的小牵牛花。每一粒又黑又小的种子里面，都孕育着一株牵牛花呢。

　　过了一段时间后，已经年迈的牵牛花就要凋零了。茎叶凋落，变成了棕色。它不再吸收空气和制造养分，它停止了生长。它不再长出绿色的叶子，也不再开出美丽的花朵。

　　不过，牵牛花已经把自己的一部分生命力寄托在种子身上。来年夏天，黑色的种子将会孕育出更多的牵牛花，我们又能欣赏到美丽的花朵。

　　亲爱的小种子，挺过寒冬！若没有你们，我们便再也看不到美丽的牵牛花！

　　正因为这样，牵牛花才如此关心照顾种子。整个牵牛花家族就是这样一代一代延续的！

叶 子

———◆———

牵牛花的叶子相互关照，它们紧挨着彼此。不过，如你看到的那样，它们并没有拥挤在一起。

它们朝一侧稍稍倾斜，给彼此留出足够的空间，获得光照和空气。

叶子还会为深藏在黑土地里的根着想呢，叶子不是平展的，而是像一个水槽，雨水就从这水槽般的叶子上汇聚，并滑落到另一片叶子上，最终落到根部的土地上。

有一些植株的根系蔓延到很远的地方；还有一些植株的根系扎得很浅，它们就吸收了从叶子上掉落下来的雨水。

幼叶是折叠起来的。它们还很娇嫩，冷一点或热一些都会伤到它们。

紧挨又不拥挤的叶子

牵牛花的故事 >

从小幼叶
到大绿叶

如果此时就打开，它们会在阳光的照射下损失过多水分。

所以，它们紧挨着彼此，保持着温暖舒适，直到长得足够大，变得足够强壮，它们才会打开叶子，去认识耀眼的阳光和寒冷的黑夜。

叶子越长越大，越变越绿，它们开始履行自己的使命，那就是为植株制造食物。

致牵牛花

你的花粉怎么这样雪白哟?

你的花蜜怎么这样甜蜜哟?

你的花边怎么这样闪亮哟?

你的花萼怎么这样整齐哟?

旋花科植物

作为一个庞大的家族，总体而言，旋花科植物都是贵族。

旋花科大约有一千多种，它们和我们一起生活在北半球，但在中国的品种不多，不超过二百种。

旋花科植物畏严寒，喜温暖。因此许多品种的牵牛花和血根草、旋花，以及其他野生花朵一样，原产于热带美洲。

它从赤道附近被带往世界各地。有人看到它就一见钟情，于是把种子

旋花

/ 花儿和它的朋友 /

寄给了住在北半球的朋友，或是在返程回家时一起带上它。

也许是一位年轻的水手在岸边登陆，在晨曦中看见这些鲜亮的花朵，便勾起了他的思乡情，以及对温暖气候的向往，于是就把种子包裹在信中寄回了家。毫无疑问，不论是谁最先带来了这些种子，牵牛花在北半球都受到了热烈欢迎，它很快就在村头巷尾悠闲地生活起来。

它快乐地扎根在土地里生长，它的种子掉落在泥土里，并经受住了寒冬的考验。就这样，它第一次漂泊他乡并繁衍生息，这是一种多么神奇的体验！

等到了来年春天，它甚至从人们的花园中蔓延开了，野生野长到村庄的附近。它还可能在这里遇见了自己的"北方亲戚"旋花。这太神奇了！它从很远的地方过来，然后发现自己的同族长久以来就生活在寒冷的北方。

瞧瞧这幅图中牵牛花吃惊的神情，看起来好像在凝视它的"表亲"旋花。

和牵牛花一样，旋花也有好多品种。牵牛花和旋花长得相似，它们全都来自于某一遥远的旋花科祖先，正如你和你的表亲、下一代表亲、下下一代表亲、下下下一代表亲、下下下下一代表亲的遥远的曾祖父的曾祖父的曾祖父的曾祖父是同一个人。

旋花科还有一位成员，也广为人知。它就是花朵鲜红的茑萝。我们在花园中竖起篱笆，它形似羽毛的叶子就会缠绕在上面。

第一眼看过去，你会以为它不是牵牛花的亲戚，但它确实是。只要仔细地观察，你就会发现它生长的方式非常像牵牛花，尽管外貌有点不同。

旋花　　　　　　　　　　　　　　　　牵牛花

茑萝原产自墨西哥。我们不能期望来自墨西哥的旋花植物与来自南非的长得一模一样，因为两个地方的水土环境差别很大。这也正是你无法认出自己亲戚的原因，如果他们已在南非繁衍生息了好几代。

　　下一次去墨西哥时，你一定要看一看茑萝。因为据我所知，它在那儿和普通的杂草没啥两样，就像我们在家乡看待蓟和蒲公英那样。如果不得不大费周折地在花园里悉心种植蓟和蒲公英，那么我们就会把它们当作美丽的花儿；同理，正是因为要从花园和草坪中拔掉它们，我们才叫它们杂草，才会讨厌它们。

　　在遥远的美国南方，还生长着一种可爱的旋花科植物。它有点像牵牛花，当然叶子形状这一点除外，它的叶子形状是各种各样的：有心形的，有戟形的，有角形的……有时所有这些形状全部长在同一株植物上。

　　它的花朵是真正的花中皇后，巨大无比、洁

白如雪、芳香扑鼻。花朵长着一根十厘米左右长的花冠筒，还有大大的雪白色花边。它的拉丁文名字叫作 bona nox，中文是"晚安"的意思。

之所以有这个昵称，是因为它根本不在白天开花，而只在晚上才开花。人们叫它"月光花"。长长的白色花蕾在白天紧紧卷起来闭合着；天一黑，你就会吃惊地看见神奇的一幕：花蕾微微动了一下，然后顷刻间，白色的大花就绽放了，眼前是令你震撼的优雅与宁静。此时，空气中弥漫着一种淡淡的令人愉悦的香气。

为什么月光花要在晚上开花呢？

牵牛花绽放亮丽的喇叭状花朵，以便吸引蜜蜂，然而到了晚上蜜蜂就要休息了。难道这朵巨大的芳香四溢的白色花朵一点都不稀罕蜜蜂吗？难道它不希望获得别的花朵上的花粉吗？

不是这样的，其实，月光花所做的这一切也是为了得到花粉，所以它才会开出又大又香的白色花朵。

看一看它的花冠筒，多么长多么深。哪只蜜蜂能碰到它的蜜腺呢？

也许蜂鸟能做到，但晚上蜂鸟都收起翅膀睡熟了。它们绝不会从这朵又大又白的月光花中吮吸花蜜。

等等，快看，飞来一只蜂鸟！它"呼呼呼"地拍动翅膀，优雅地悬停在这朵甜蜜的大花前，猛地把喙插进去。再等等，这可不是一只鸟喙在探寻位于花朵底部深处的蜜腺，这是一个像蝴蝶那样又细又长的舌管。哦，它根本不是一只鸟，而是一只巨大的夜行飞蛾。

这些飞蛾比一般的蝴蝶大且重，在空中一跃而过时，看上去很像蜂鸟。

如果看见它休息时的样子，你就能一眼辨别出它不是蜂鸟。当蜂鸟在阳光下俯冲时，这些飞蛾正躲藏在树叶下或其他安全的地方呢。

也许它们害怕被鸟儿吃掉，也许它们喜欢安静的夜晚。不管怎样，一旦天黑，它们便飞出来。在夏日里睡了漫长的一天，它们非常饥饿，所以急匆匆地寻找开放的花朵。

此时，月光花的香气在空气里弥漫着，沁人的芬芳为飞蛾指路，引领它们飞向在微弱月光下盛开的白色花朵。

现在你明白为什么月光花是白色的而且还有香气了吧。它们希望这群友好的夜蛾飞过来传播花粉。如果它们是红色或紫色的，飞蛾就无法轻易地在黑暗中看见它们；如果它们没有香味，飞蛾就无法从老远的地方闻到它们，也就无法飞近和发现它们。

我们漂亮的朋友月光花喜欢飞蛾，而不是蜜蜂，因为飞蛾细长的舌头能够伸入长长的白色花

/ 花儿和它的朋友 /

筒碰到蜜腺。在吮吸花蜜时，花粉就会附着在它们的舌头或脸上，当它们飞到另一株花朵上，这些花粉就会触碰到另一朵花的柱头。

许多旋花科植物赏心悦目，它们当中有一些还有其他用途。例如，甘薯是一种食物。你肯定知道甘薯，但很可能不知道它是旋花科植物，它是牵牛花和月光花的近亲。

有人说它的原产地在印度东部，到了那里，你就会看见遍地生长的甘薯。我怀疑野生植株不能长出这么大的甘薯，这很可能是长期栽培的结果。

还有一种说法是它的原产地在热带美洲。很有可能它原本就生长在这两个地方。

甘薯藤蔓

一些植物在全球范围内同时都有分布。关于它是如何广泛地分布于世界各地的这个问题，还要等着我们去解开谜团呢。

甘薯通常平躺在地上，它的茎四处蔓延。它的叶子跟牵牛花和旋花的叶子很像。它的花朵也很像牵牛花的花朵，虽然没有牵牛花好看。它的根部存储着大量淀粉和糖，这样做是为了生出新芽，新芽把淀粉和糖当作食物。有时候，我们会插手搅乱它的周密计划，因为我们也需要淀粉和糖。于是，我们挖出又大又甜的根部并吃掉。

人们大规模地种植甘薯。因此，当下回吃甘薯时，你不要忘记它与牵牛花是同一个家族，我们在这里也讲到过它。

甘薯与通常所说的马铃薯没有半点关系，它们不属于同一个家族。

甘薯并不是唯一有实用价值，且与牵牛花是同一个家族的植物。另外还有一种叫作药旋花的旋花科植物，即使你不认识它，也能从它的名称中看出不同。药旋花也有巨大的块根，存储着植株的食物，然而这种特殊的食物并不适合我们吃，但在医生眼里却是宝贝，它是一味非常好的药材。

药旋花在墨西哥色拉巴生长得很茂盛。除了难以入口的味道和药用价值，它还是一种好看的藤本植物，开着深粉色的花朵。

如果看见盛开在墨西哥群山的药旋花，你绝不会想到它是一种药用植物，也不会想到它属于旋花科，因为它的花朵是扁平的，而不是漏斗状的。

还有几种旋花科植物，与药旋花一样具有药用价值。其中一种比较特别，极为珍贵，名字叫黑牵牛。

黑牵牛有一种罕见的难闻的味道。它那膨胀的块根被带

黑牵牛

牵牛花的故事 >

到世界各地，并不是因为它难闻的味道，而是它强大的药用价值。除此之外，黑牵牛也无特别之处，它和药旋花一样，是一种美丽的植物。

大多数旋花科植物的汁液都是苦涩的，即便是漂亮又无害的牵牛花也一样。而药旋花和黑牵牛在这方面更甚，汁液更多，味道更苦。

一小部分旋花科植物是长着木质茎的灌木，而不是藤本植物。其中有些植物的汁液一点也不恶心和难闻，而是有一种淡淡的清香。人们截取它们的根茎，挤压出植物油，用来制作香水。

旋花植物广泛分布于世界各地，而且有非常高的实用价值。不过，这个极受人尊敬的家族还有着另一面。也许，每个家族都会出现些异类，即便是旋花科植物也不例外，它们也并非个个都是无害、有价值，或漂亮的。

说到菟丝子，人们就会感到很讨厌。它分布于世界各地，也属于旋花科植物，不管人们多想否认这点，这都是不争的事实。旋花科植物不会以它为荣，至少我这么想。

旋花科植物是一支历经了漫长演化的植物家族的后裔，这使得它们跻身为植物界的贵族。在植物界，一两株古老的植物存活下来没啥好炫耀的，一个古老的家族不断演化至今真是一种荣耀。

仅仅从漏斗状花朵，我们就可以知道旋花科植物是贵族，只有机警又聪明的祖先，才能演化出特别的漏斗状花朵冠，而不是分离的花瓣。

花冠的色彩也讲述着它们的历史。它们通常是蓝色或紫色，这是花儿中特别富有贵族气息的颜色。它们的汁液并非是蓝色，但却开出蓝色的花朵。

月光花虽然不是蓝色，但想一想它那又大又香的漏斗状花朵，再想一想它已经学会了在夜晚开花，让飞蛾来帮忙授粉。我非常确信，这是一种特别高贵的做法。

蓝色的花冠是一种荣耀，花朵在夜晚开放也

是这样。你要知道，在夜间开花的习性，与蓝色花冠一样，要经历漫长的演化。

茑萝有红色的花冠，这是一种好看的颜色，但远没有蓝色那样高贵。在远古时候，花朵起初可能是黄色的，然后一些变成了白色，之后又有了粉色，接下来很可能是红色，然后是紫色，最后才是蓝色。

你还记得吧，茑萝有分裂得十分精细的叶子，在这方面它超过了牵牛花。因为在远古时候，叶子不是分裂的，在经历了漫长的演化后，一些植物学会了分裂叶子，这样叶子就更具实用性了。

不过，菟丝子连一片叶子都没有。我们知道，绿色叶子非常辛苦地工作，为植物提供食物。菟丝子没有叶子，它是从哪里获得食物的呢？这正是麻烦所在。它从其他植物那里获取食物，这样做很像乞丐，四处乞讨，依赖他人生活。实际上，它比乞丐还恶劣，因为它不会说"行行好，给我点吃的吧，我快要饿死了，我需要一些淀粉和含氮化合物"这样的话，它连招呼也不打，攀附一株植物就吸走人家的汁液。因此，它是名副其实的小偷和无赖，难怪牵牛花不愿与它称兄道弟。不过菟丝子也不在乎这些，甚至就连它是否知道自己是牵牛花的近亲都是一个问题。它从不为他人着想，一门心思只想从别人那里搜刮食物。

当还是种子时，菟丝子就已经开始走上这条充满羞耻的道路。它静静地躺着不动，当其他种子在春天里生根发芽，茁壮成长，生出绿叶和富含汁液的茎干后，它才有了动静。

无赖菟丝子出来了。不过，它不像其他种子那样生根发芽，而只是生出一个侧芽牢牢地扎进泥土里。

如果不了解菟丝子，你可能认为这是向地下生长的根。它不是根，它不从泥土里摄取养分，它只是把自己牢牢固定在一个地方不被吹走。它那细长的身体快速生长，竖立在地面上，种皮顶在它上面。种皮里装着母株为它存储的食物。幼小的菟丝子就从中获取食物，直到里面的食物全都消耗掉，然后它就会摆脱空无一物的种皮。瞧，年轻的菟丝子现在已做好了战斗的准备。

它这时最想要的是攀附到一个新生的枝条上，并吮吸枝条的汁液。如果身边没有这样可供攀附的植物，那么它就处在孤立无援的境地了。它没有绿色的叶子，也不知道如何长出叶子；没有绿色的叶子，它就得不到食物。可怜的菟丝子！作为植物界百无一用的家伙，这也不全是它的错，它从祖辈遗传下来的就是这样的品性，况且也没有人教导它端正自己的行为。你可以想象，它躺在地上，那么的无助。不过，只要有绿色的枝条出现在附近，菟丝子就会卷曲着身体攀附上去，根本不会停下来说声"借你的叶子用用"，它马上伸出细小的刺，刺进枝条，吸走汁液。

现在，菟丝子安然无恙了。它高枕无忧，可以毫不费力地获取充足的食物了。

之后，它就会繁茂地生长。它那纤细的黄色

| 花儿和它的朋友 |

的茎攀附在其他可怜的植物上，看上去就像一团黄色的毛线。

它不停地缠绕，身上从不长出半片叶子。只有那些小小的无用的鳞状片告诉我们，很久以前它的祖先曾经长着叶子。

你有时能在潮湿的地方看到这些杂草，菟丝子的茎纠缠在一起，遮盖住其他所有植物。它覆盖在上面，吸走它们的汁液，让它们透不过气来。到了一定时候，菟丝子会开出无数花朵。这些花朵很小，通常都是白色的，成群地挨在一起，紧贴着黄色的茎生长着，看起来像一簇簇花环。

看着这些花朵，你绝不会想到它们属于旋花科家族。这些组成花冠的花瓣几乎是互相分离的，只有

无叶的菟丝子

43
牵牛花的故事 >

基部生长在一起。

有时菟丝子的花朵是橙色或淡红色的，它们好像对昆虫没有什么吸引力。不过，它们也不关心，因为彼此的花药和柱头靠得非常近，所以它们特别容易互相授粉。菟丝子不像自己的亲戚那样幸运，它没有演化出一种巧妙的手段进行授粉，只能依靠这种方法。

菟丝子喜欢攀附在草本植物上生存，对它们造成极大的危害。更令人遗憾的是，这种植物已经漂洋过海来到了世界各地。我们根本不欢迎这个到处扎根的"侨民"。

菟丝子好吃懒做，只知道吮吸其他植物的汁液，生存下来不是件易事。所以它竭尽所能地结下大量的种子，以确保这个声名狼藉家族的延续。

除了菟丝子，我们想对旋花科植物说一句话，就像瑞普·凡·温克爷爷曾对我们说过的："愿你长命百岁，子孙满堂！"

美丽的旋花

旱金莲的故事

旱金莲花蜜

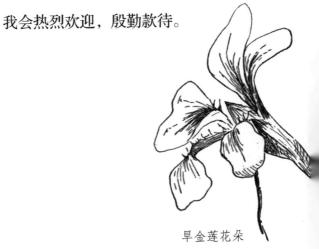

如果你有一只玫瑰红色的号角，

盛满了宝贝花蜜。

如果有一只蜜蜂远道而来寻蜜，

你会给它一些吗？

如果我有一只玫瑰红色的号角，

盛满了宝贝花蜜，甜蜜蜜。

如果有一只蜜蜂远道而来寻蜜，

我会热烈欢迎，殷勤款待。

旱金莲花朵

/花儿和它的朋友/

旱 金 莲

　　和牵牛花一样，旱金莲花朵也同样有非常重要的雌蕊和雄蕊，还有丰富的花蜜。

　　旱金莲的花冠，又大又华丽，它不是管状的，而是分离成几片独立的花瓣。它的花萼也不是绿色的，而是接近花冠那样的颜色。那只长长的红色号角又是什么呢？

　　那是旱金莲的蜜腺，它生长在花萼基部，萼片在这儿围聚成了号角状。我们想把它叫作"丰饶角"，是因为它的里面还盛满了甜甜的花蜜。

　　难怪蜜蜂和蜂鸟会如此频繁地拜访旱金莲！它为蜜蜂和蜂鸟提供了一种最有诱惑力的花蜜。不

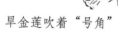

旱金莲吹着"号角"

49

过，它聪明地把花蜜存放在那个特别的地方。蜜蜂和蜂鸟为了采到花蜜，还得为旱金莲做一件好事。

在我们这里，蜜蜂是旱金莲的常客。不过，在旱金莲的老家南美，它可能还有一些不为我们所知的访客。它可能有一位自己最喜欢的飞蛾食客，飞蛾的舌头恰好能伸进它那又红又长的号角中；也可能是一只蜂鸟飞来，因为南美是蜂鸟的故乡；还可能是一只蝴蝶。对此，我们也不确定。不过，我们知道，它那红艳的色彩演化到现在这个样子肯定是为了吸引自己喜爱的鸟儿或昆虫，这些鸟儿的嘴巴或昆虫的舌头与它那红色的号角一样长。

为什么你认为旱金莲是在为昆虫和鸟儿生产花蜜？

为什么旱金莲喜欢它们飞过来，从它那长长的红色号角中采蜜？

我想，我知道为什么。旱金莲的号角生长在

雄蕊后面。蜜蜂必须踩过雄蕊才能接近里面的蜜腺，蜂鸟必须碰到花药才能把舌头伸进去。不论是谁，要采集花蜜必然会碰到花药。

这就是为什么旱金莲长着一个又长又红、充满花蜜的号角。它希望鸟儿和昆虫过来采蜜，碰到花药，而花药里满是红色的花粉。

这些花粉是它为朋友们准备的，它希望自己的邻居，另一株旱金莲，收到这份礼物，但它怎样把这些花粉送过去呢？

它打扮得漂漂亮亮，号角中满是花蜜，散发出芳香。蜜蜂和蜂鸟看见了就会靠近它，因为它们特别喜欢这鲜艳的颜色、香气和花蜜。它们拍打着翅膀飞过来，当它们靠近蜜腺，红色的花粉粒就会附着在它们身上。

蜜蜂和蜂鸟从一朵花中无法得到充足的花蜜，它们得飞向另一朵去采集更多的蜜。从一朵花匆忙地飞到另一朵，它们离开时便传播了花粉。这样，一朵花的花粉留在了另一朵花上，这正是旱金莲希望的。它希望自己的花粉被送到另一株的花朵上，蜜蜂和蜂鸟就是快递员。

　　旱金莲的雄蕊低垂在花朵底部。当它成熟时，花药也已长大，伸展到号角的前面，蜜腺已经准备就绪。之后，红色的花粉迸发出来。一次只有一个花药成熟。有时，旱金莲的花粉全部掉落，需要好几天。一旦花粉掉落，花药就会再次低垂下来，凋谢了。

　　雄蕊没有拥挤在一起，没有挡住号角的通道，它们低垂在一边直到成熟，之后它们竖起来站到号角的前面。当花粉脱落后，它们又会低垂下去。

　　它们不会堵住通向蜜腺的道路，而是希望蜜蜂和鸟儿方便地进来。

　　为什么花药是一个接着一个成熟？为什么它

| 花儿和它的朋友 |

们的花粉不会像牵牛花那样，在一天之内全部凋谢呢？

也许，旱金莲是害怕雨水会夺走种子得到花粉的机会。我们知道，雨水会毁坏花粉。旱金莲的花朵和叶子虽然能防雨和保护蜜腺，但是面对滂沱大雨时，还是无能为力。

在它家乡的雨季，大雨如注时，旱金莲会开花吗？

我们很想知道答案。如果它会，那么花药一个接着一个成熟是非常明智的。如果一个花药被毁坏了，那么另一个也许会成功。

我们还不知道旱金莲的这个习性从何而来，不过它这么做一定是有一个很充分的理由。

当花粉掉落之后，花药就空了，萎缩了，可号角中仍充满着花蜜。

这次伸长到号角面前的不是雄蕊，而是一个精致的五面体柱头。它长在花柱上，已经成熟，做好了准备。它张开了五个面，以便粘住花粉粒。

可是，它所有的花粉都已不在了！蜜蜂和鸟儿把花粉带走了。蜜蜂吃掉了一些，又把一些带回了蜂巢，没有留下半粒花粉给五面体的柱头。幸好，那边飞来了一只蜜蜂，一只黄白相间的熊蜂。在它腿上的花粉篮里，各有一个红色的花粉球。这是它从另一朵旱金莲花朵采集到的，想带回家给幼蜂吃。当飞到这朵已无花粉的花朵采蜜时，它的身体会触碰到五面体的花柱，快看，它腿上的几粒花粉粘到了柱头上，因为柱头是黏糊糊的，粘得住花粉。

不一会儿，蜜蜂就飞走了。它不知道自己做了什么。它只是碰了碰面前的花柱，就给种子带来了生命。这些种子将是下一代旱金莲。

花朵为它的朋友们提供花粉，而现在它也需要朋友们送来的花粉。不久之后，亮丽的花冠便褪去色彩，然后凋落了。

它的使命完成了。它曾经快乐地生长着，召唤来蜜蜂，派它们运送自己的花粉给其他朋友，它也同样能得到朋友送来的花粉。

在许多天里，它那长长的红色号角里满是甜甜的花蜜，直到柱头伸长并得到花粉。这时，花朵就会凋谢。不过，五面体的柱头不会凋落，它仍旧生长在花朵中央绿色的小果实上。

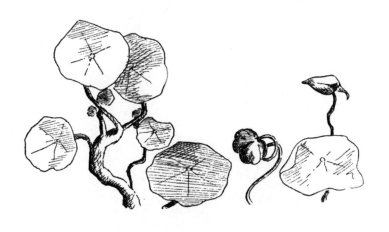

花梗托着果实往下卷曲

当花蕾刚刚绽放时，我们很难看见这颗果实，因为它非常小，又隐藏在雄蕊中。当花粉粘在柱头后，果实就会快速地生长。花冠凋落，托举着果实的花梗会一直卷曲，直到绿色的果实藏到叶子的底下，不再像花蕾即将开放时那样，高高在上。最后，柱头和花柱也凋落了，留下果实独自成熟。

谁缩成一团藏在那儿？

————◆————

叶子底下，是谁缩成一团，藏在父母的保护伞下？

多么可爱的小果实啊，从父母的保护伞下探出头。

多么聪明的小果实啊，它有三间卧室，每间睡着一粒种子，藏在父母的保护伞下。

花梗一卷曲，它就躲到了父母的保护伞下。

它很安全地藏在那里，紧挨着温暖的地面，藏在父母的保护伞下。

藏起来的果实

旱金莲的神话

旱金莲有许多保护伞，用来保护自己。

这些保护伞有一个艰巨的任务，那就是对抗饥饿的折磨。

旱金莲需要许多的保护伞。因为饥饿是一个不知疲倦的敌人，蓄势待发。

叶子就是旱金莲的保护伞。它们生长在长长的叶茎上，吸收阳光，向着阳光。

阳光的照射让旱金莲洋溢着生命的气息。现在，叶子开始工作了，为植株生产食物。它们生产出淀粉和许多其他物质。举个例子，这些叶子生产出一种辛辣的汁液，若试着尝一尝它，我们

像保护伞的叶子

/花儿和它的朋友/

的舌头会感到刺痛。当然，如果你喜欢有刺激味的果汁，可以嚼咬旱金莲的茎。不过，最好只吃一点点，因为它会让鼻子后部的颚部痉挛，没有人希望自己的鼻子抽搐太久。

顺便提一下，还有一种植物会让我们的鼻子抽搐，它的名字叫作水田芥。虽然如此，水田芥和旱金莲也还是可以食用的。有人把旱金莲的叶子扔掉，用花朵做成色拉。和其他部分一样，它的果实也充满了辛辣的汁液。这对它来说是一种不幸，因为这会诱惑人们去摘下这些辛辣又多汁的果实，并在腌制后食用。

也许植物产生并存储这种刺激辛辣的汁液，是为了保护自己不被动物吃掉。但对于自己被装进腌菜罐的命运，它应该是没有预料到的。

这种辛辣的汁液可能是这种植物特别的生长方式的结果。汁液当然要有一些味道，可为什么是辛辣而不是其他呢？或许我们可以尝试去探寻这个答案。

正如我们知道的，这种植物还为它的朋友准备了另一种液体，既不刺激也不浓烈，这就是美味的花蜜，它充盈着那长长的号角。蜜蜂采集它，酿造成旱金莲花蜜，存储在蜡质的蜂巢里。

我们喜欢叫旱金莲的号角为"丰饶角"，因为它里面充盈着美好的东西，好像永不枯竭。

神话故事中，这个"丰饶角"属于丰饶女神，总在她的一旁，使她的四周花朵盛开，结满果实。所有生长在大地上的美好东西，都来自这个号角。这是她的"丰饶角"，象征着丰收。

丰饶女神从溪水和泉水仙女那里得到了这个号角。这个号角来自阿基里斯。

河神阿基里斯在和大力神海格力斯打架，海格力斯把阿基里斯摔倒在地上，掐住他的脖子，阿基里斯为了逃跑变身为一条大毒蛇。

阿基里斯和海格力斯

/ 花儿和它的朋友 /

不过，这没有任何作用，因为海格力斯掐住了他的脖子。他快要喘不过气了，阿基里斯又一次变身。

他变身为一只公牛，但还是无法抵抗海格力斯的神力。海格力斯抓住他的脖子，拖着他在地上走。在争斗中，一只角从阿基里斯头上掉下来。

溪水和泉水仙女，是阿基里斯的亲人，她们把这只角赐予了丰饶女神。

不过，还有人相信下面这个故事：

第二代众神之王克洛诺斯有一个吞噬自己孩子的坏习惯。朱庇特出生后，母亲瑞亚不希望看到他被亲生父亲吞食，就把朱庇特托付给克里特王的女儿们。她们用阿玛耳忒亚山羊的奶喂养他，照看他，保护他。当朱庇特大哭时，克里特居民就会敲锣打鼓，跳起舞来，这样他的父亲就听不到他的哭声。

克洛诺斯

朱庇特

朱庇特的哭声一定非常响亮，才让克里特居民做出这样的举动，不过，他注定要成为一位伟大的神，所以哭声才会比一般婴儿都要响亮。

为了感谢他的奶妈，也为了纪念山羊阿玛耳忒亚，朱庇特取下了山羊的一只角，赋予了它无穷的法力。无论谁获得了这只号角，只要许愿，任何愿望都能实现。

现在，你知道了两个不同版本的古希腊传说，你可以选择相信其中一个。不论旱金莲相不相信这两个故事，它都奉献了一只为蜜蜂、蝴蝶和蜂鸟满载着花蜜的"丰饶角"。

旱金莲还有好多品种，在南美和墨西哥就有四十多种。在秘鲁生长的一种旱金莲，长着块根，来给植物提供食物；同时它也是人类喜爱的一种美食，在南美的一些地方，人们不吃土豆，而是以它为主食。

你是不是很想从旱金莲田里拔出它的块根？整个夏天都在这样的一个地方挥汗耕作，地里长满了旱金莲，盛开着它那鲜艳的花朵，这是一件多么美好的事情呀！

旱金莲

凤仙花的故事

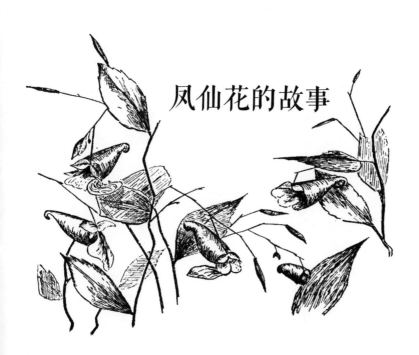

一个精致的洞穴

凤仙花多像精致的小山洞，

表面有红色的斑点，悬挂在空中。

凤仙花多像漂亮的小山洞，

表面是黄色，有红色的斑点，

在微风中摇摆，多么清新美好。

凤 仙 花

凤仙花生长在湿润的地方。它的双脚站在潮湿的泥土里，它的脑袋高高抬起，俯视整片草丛。不过，其他植物也喜欢潮湿又肥沃的地方，以及靠近溪边的泥土地，所以，有时凤仙花的生活空间十分拥挤。

凤仙花虽然是纤细的小植物，但是勇敢又聪明。它知道，为了生存，它必须要有强壮的种子；而为了结下强壮的种子，它必须健壮又美丽。

这是一个美好的世界，阳光照在它的脸上，微风轻轻拂过，凤仙花漂亮极了。

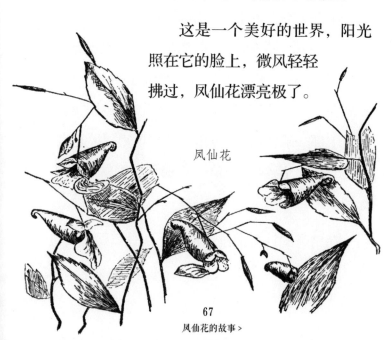

凤仙花

67

每个叶腋抽生出精美的花蕾。它们终于绽开花瓣，全是黄色的，带着红色斑点。蜜蜂飞到花朵上，随着花梗一起摆动。溪边杂草丛生，点缀着这些亮丽的花朵。凤仙花的花朵虽然轻盈，但它们聚集开放，纤细的花梗也被压弯了腰。

蜜蜂老远就会被这亮丽的颜色吸引，飞过来拜访凤仙花。它们为搜寻花蜜而来，当然没有空手而归，因为凤仙花很有远见地为蜜蜂和鸟儿准备了花蜜。

凤仙花绽放着黄色花朵，花朵中部挂在茎上，像个天平，天平的一端是敞开的花冠上半部分，另一端是花冠的下半部分，也就是装满花蜜的"号角"。平时"号角"的底部朝下，花蜜储藏在这里。当蜜蜂落在花冠外沿时，天平就向花冠上部一端倾斜，"号角"一端自然翘了起来。于是，花蜜流到"号角"的前部，蜜蜂就可以吃到了！

在路旁的许多潮湿土地上，到处点缀着黄色

凤仙花。它就像耳环挂在花梗上。清晨，鲜艳的花朵上闪烁着露珠，非常好看，还有红喉北蜂鸟的身影穿梭于花丛中。

红喉北蜂鸟分布在北美洲，它喉部羽毛是红宝石色的，在阳光下闪闪发光。它身体的其他部位是绿色或棕色的。在阳光下，它就像闪耀的宝石，从一朵花俯冲向另一朵。它飞得很快，从你眼前一闪而过。当想吮吸一口花蜜时，它就会扇动着小翅膀，平稳地悬停在凤仙花面前。

精致的凤仙花在风中摇摆，它那细长的黑嘴巴插到花朵里。红喉北蜂鸟特别钟爱凤仙花蜜，凡是盛开凤仙花的地方，你都能看见红喉北蜂鸟俯冲向花朵的身影。

红喉北蜂鸟得到花蜜，也帮了花朵一个忙。跟蜜蜂一样，它把其他株花朵的花粉带到这一株的花朵上。有了这些新花粉，那些强壮的种子就能发育出来。

凤仙花不希望雌蕊接收自己的花粉。地面上

的空间拥挤，种子必须非常强壮才能长大。所以，它的花药就像一顶帽子，盖着雌蕊，雌蕊躲在花药下面，耐心地等待着，直到自己所在花朵中的花粉全部凋零，然后它探出头迎接鸟儿或蜜蜂带来的新花粉。

凤仙花的雄蕊和雌蕊，并不像旱金莲那样生长在花朵的基部，它们像小灯泡那样悬挂在顶部。蜜蜂不会踩在它们身上，而是头部或背部触碰到它们，蜂鸟长长的嘴巴或脸上的绒毛也会触碰到它们。

鸟儿或蜜蜂带来新花粉后，黄色的花冠就会凋落，果实就会快速成长。

这是一种精致的果实，也是种子安身的家。当果实成熟后，表皮顷刻间就会爆裂并卷曲，以一种不可阻挡的势头把种子远远地弹射出去。

种子被弹射到很远的地方，四面八方。这样，它们就有机会找到一个更好的地方，在时机到来时生根发芽。

果实迫不及待地想送走种子，让它们开始一段新的旅程，不过也非常担心它们会受到什么伤害。所以每次稍微被碰一下，种子就会被弹射出去。难怪人们给它起了一个绰号叫"别碰我"，还有人说它是"急性子"。

据说，它还有好多其他的名字。人们一定非常喜欢凤仙花，因此才给它取了这么多名字。

一朵凤仙花

耳 环

纯金的耳环镶嵌着红宝石，

挂在一个小姑娘的耳朵上。

"亲爱的，你是从哪里得来的？"

"到溪边，你也可以去采摘它们。"

蜂 鸟

到处都是蜂鸟的身影，

它在阳光中一闪而过，

在天空中自由地俯冲，

闪亮得就像一块宝石，

优雅地悬停在花朵前，

又忽地起身追寻远方。

见好友翩翩而至，

凤仙花别提有多高兴，

花朵在那纤细的茎上摇曳。

蜂鸟见了好高兴，

拍打闪亮的羽翅，撒播花粉，

凤仙花别提有多幸福！

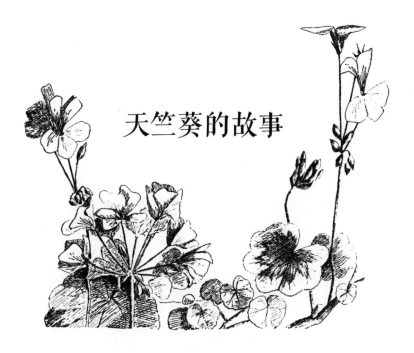

天竺葵的故事

天竺葵结种

天竺葵

天竺葵的果实围绕在一起，顺着中轴向上生长，整个看上去有点像长长的鹳嘴。果实成熟时，这个嘴巴从下向上反卷打开，并不像鹳吃小鱼时，从尖部张开。

果实张开"嘴巴"是为了放出一片片"羽毛"。种子成熟后，鹳嘴一样的果实从下向上反卷打开，释放出五个带着柔毛的种子。柔毛围绕螺旋状卷曲的小梗生长，蓬开后，它们就像一片片白色的羽毛。在果实成熟前，柔毛被包裹在果实里面，紧紧地围绕中轴生长。

小梗慢慢地与中轴分离，最后仅仅连着中轴顶端的一点；当这一点都不在时，柔毛就带着种子和小梗飞走了。它借助风的翅膀飞翔，因为它本来就没有翅膀。以这种方式，天竺葵种子有时飘到很远的地方。

不过，故事到这里还没有结束。最后，种子、小梗和柔毛一起落到地上。种子尖端朝向地面，它的硬壳上面长着少许又短又硬的毛刺，它们倒着生长，就像鱼钩上的倒刺，一旦刺入很难拔出来。

现在，你会问这些毛刺的作用是什么，它们只是偶然出现吗？完全不是。当空气潮湿时，带着柔毛的小梗就会卷曲。它就像一个螺丝刀，压着种子硬壳尖端朝土里钻。当它干燥后，小梗就会伸直。

这时种子是无法拔出来的，因为硬壳尖端的倒刺牢牢地钩在泥土里。像这样一次又一次，当空气又变得潮湿时，小梗就

再压着种子更深地扎进泥土里；当空气变得干燥时，小梗又伸直，等待着下一次卷曲。你现在已经明白了，对吗？天竺葵这样做是想把它的种子埋进土里。

毫无疑问，天竺葵是好家长。它为自己种子的未来做了一些机智的事情。

天竺葵生命力旺盛，只需要剪下一段小枝插进泥土里，它就会安然无事地长大。某一天，狂风大作，一株深红色的重瓣天竺葵被连根拔起，整株植物被风吹走。但是，如果将它插回花盆的泥土里，给予足够的水分，它又会像平常一样继续开花。像这样的故事，每天都能发生。

绽放的天竺葵花朵

天竺葵的叶子

　　有一些天竺葵的叶子上面有马蹄纹。它们清一色地喜欢把叶子以扇子的形状折叠在新芽里。长大一些后，新芽就会展开。这样的好处就是占用更少的空间，还能让叶子保持舒适和安全，直到它长大到足以照顾好自己。天竺葵钟情于大托叶。这些托叶是绿色的，长得像叶子的一部分，生长在叶柄的基部，紧贴着植物的茎。它包在嫩叶上，保护着嫩叶。当叶子从托叶母亲般的臂弯中挣脱，站立在一条长茎上时，托叶的使命就完成了，然后它便慢慢地凋落枯萎。

天竺葵叶子

大多数天竺葵的叶子，都披有漂亮的柔毛。在温暖的乡村，野生的天竺葵需要一件衣裳抵御阳光的炙烤。

要是阳光晒掉叶子的水分，那么叶子就一定会凋落。只要叶子中有充足的水分，无论多酷烈的阳光都不会对它造成任何伤害。叶子的柔毛"衣裳"就是为了防止水分蒸发过快，而且还能防止雨滴或露珠堵住叶子的气孔。

大多数天竺葵的叶子都有香气，气味各不相同。叶子从空气中摄取养分，生产食物。

你觉得天竺葵的叶子为什么会有香气？

也许是为了防止动物吃掉它，因为动物不喜欢吃气味强烈的叶子。如果这就是原因，我们很高兴天竺葵选择了一种我们喜欢的香气。

天竺葵具有这种香气也许还有别的原因。因为植物从不铺张浪费，它们一直都是出于一个实用的目的去做一件事。它们喜欢打扮得漂漂亮亮，

/ 花儿和它的朋友 /

但它们并不会因为美丽本身而感到满足；只有美丽所带来的实用价值，才会让它们有满足感。叶子的香味，可能是为了某个实用的目的，只不过我们还不知道。

一簇天竺葵花

牻牛儿苗家族

牻（máng）牛儿苗家族非常多变。关于这个问题，植物学家也感到有些困惑。也许牻牛儿苗家族自己知晓答案，只不过它不会告诉植物学家，而是等着他们自己竭尽所能地去观察、去发现。

有人说，旱金莲属于牻牛儿苗家族，天竺葵也是，虽然它们长得没有一点相像的地方。也有人说，凤仙花是牻牛儿苗家族的一个分支。还有人说酢浆草和老鹳草也属于这个非凡的家族。说得都没错！

其实，不论这些植物是否属于同一个家族，有一件事是肯定的——我们都很喜欢它们。

牻牛儿苗家族的品种数也不多，加起来还不到旋花科植物的一半。这些植物多生长在温暖的地方。不过也

老鹳草

| 花儿和它的朋友 |

有例外。相较于其他家族成员，旱金莲更加喜欢温暖的环境，因为它的种子无法挺过寒冬。如果我们收集旱金莲种子，把它们存放在温暖的地方，帮它们躲过寒冬，等到来年春天播种，旱金莲就会旺盛地生长，开出赏心悦目的亮丽花朵。

天竺葵也无法生活在户外熬过寒冷的冬天。当冬天到来时，我们得把它搬到室内。当然，它在室内不会长大多少，只是待在那儿休息；等到了春天，人们再把它搬出来；这时，它已经准备苏醒，并再次开花。

旱金莲会弯曲花梗，拉着种子藏到叶子下方，给新的花蕾留出绽放的空间，同时也是在保护种子。

天竺葵

天竺葵并没有这样做。不过，为了保护自己的种子，它做了更周详的计划。首先，天竺葵给种子准备了一个用来飞翔的"降落伞"。在种子降落或被吹走时，这个"降落伞"让种子在空中保持平稳。

除了"降落伞"，天竺葵还给种子配备了一把"螺丝刀"。种子用这把"螺丝刀"扎进泥土，播种下自己。

酢浆草长得不像天竺葵。不过，它以类似的方式照顾自己的种子。老鹤草也是如此。在野外，酢浆草开着黄色的小花朵，叶子形状像三叶草，并有酸味。你去找一个酢浆草的果实吧！瞧，它又小又漂亮，像蜡烛那样站立着。稍微碰碰一

酢浆草

个成熟的果实，组成果实的五个小室就会爆开，每个里面各有一排白色的种子。

看到种子是白色的，你便以为它们还未成熟吧。摸摸其中的一粒种子，会发生什么事？那粒种子爆开了！哇，它弹到那边去了；它不是白色的了，而是深棕色的。这一幕很神奇。你要再去碰一粒种子，一粒接着一粒，最后你会明白其中的奥秘。

每粒种子都由白色的弹性外衣包裹。白色的弹性外衣特别像它们那没有耐心的果皮，突然卷曲起来，弹射出种子。

当夜幕降临，酢浆草就要休息了。它的小叶下垂，全部合拢，花朵也闭合了。酢浆草喜欢阳光，通常不在阴天开放。

有一种生活在森林里的酢浆草花朵是白色的，长着精致的粉色纹理，又小又漂亮；还有一种开着紫罗兰色的花朵。事实上，大多数酢浆草生活在温暖的野外，花朵小巧又美丽。

人们非常喜欢酢浆草，还在玻璃暖房里培植它们。它们比野生酢浆草长得要大得多，有亮丽的粉色、白色或黄色的花冠。

　　还有一种很实用的酢浆草。它长着像甘薯那样的块根，有些地方的人们种植它当作食物。

　　有人常常吃酢浆草的叶子，因为它尝起来口感酸溜。要是从中提取出这种酸，并吃下许多的话，我们会难受一段时间，因为它含有一种毒素。

　　我们常常把天竺葵纯粹当作装饰性植物。现在，我们已经知道，一些种类的旱金莲、酢浆草，以及至少一种天竺葵，它们都长着可以吃的块根，甚至看起来非常普通的老鹤草，对我们也有用处。老鹤草在初夏的林间盛开，它的根可用作药材。

老鹳草

风信子的故事

风 信 子

外面的花园里，一个身影多么可爱！

实在是可爱啊，你看到了吗？

春天一来，她也来了。

芬芳如玫瑰，清新如露珠，

紫色的、粉色的、紫罗兰色的。

她是清新的，也是可爱的。

先猜猜她是谁吧，

然后听我讲她的故事。

风信子

春天来了

春天来了。树上的新芽圆鼓鼓的，有的快要萌发了。这个时候，几乎没有生命苏醒过来。

只有风信子的花坛充满了生机，因为风信子苏醒了。它那坚硬的叶子破土而出，花蕾探出了头。花序就快要开放了，但此时花蕾还是绿色的。长长的花梗高高地托起花序，空气和阳光充盈在周围，尽管天气依然寒冷，但是它们还在不断生长。

绿色花蕾很快就会经历一次改变。每个花序最顶端的花朵，将会变为柔和的蓝色或粉色。在阳光中，楚楚可人的绿色花蕾矗立在花梗上，绿色消退了，许多色彩取而代之。

它开出迷人的花朵，散发出怡人的香气。满园皆是风信子的芳香，我们觉得风信子就像是美丽春天的使者。

风信子的权杖

国王手握着权杖，我也一样。

他们的权杖象征着权势，我的也一样。

他们的权杖是华贵的手杖，顶部镶嵌着徽章。

而我的权杖是高高的绿杖，头上绽放着花钟。

我的绿杖叫作花葶，像国王的权杖那样高贵。

94

长 袍

众所周知，长袍是古罗马人穿的衣服。希腊人穿的外衣和罗马人的特别像，也常被叫作长袍。

在气候总是很温暖的地方，长袍对于不需要急急忙忙奔走和艰苦劳动的人们来说，是一种非常理想的衣服。但在冬天极其寒冷的地区，它完全不适合当作御寒的衣服。因为长袍不太贴身，它是一种宽松的衣服，很容易被北方的强风吹走。

也许你并不知道，像洋葱那样普通的家伙也穿着一件长袍，我向你保证这是真的。它膨大的球形茎被一层层鳞片一样的东西包裹着，看上去特像穿着一件长袍。

风信子也是如此，它也穿着长袍。你觉得风信子的长袍是什么呢？只是鳞叶而已！也就是说，它没有发育成一片我们常见的叶子，而是长得像鳞片一样。一般外层鳞叶干燥有韧性，内层鳞叶肥厚多汁，存储营养和水分，为植物提供食物。

风信子

这正好也解释了土豆的块茎。你知道块茎是什么吗？它只不过是地下茎的膨大部分。下次吃土豆时，你要想起来它是一个块茎，只是一段极短又很粗大的茎。若不相信的话，你就去仔细观察土豆的芽眼吧。真相就在你眼前。

芽眼仅仅是茎的连接点，在每个芽眼上面有一个小新芽，它就像树枝上的幼芽，春天一到就会开始生长。土豆靠消耗块茎中的食物生长，风信子靠消耗存储在鳞茎中的食物生长。当然了，过了一段时间后，绿叶就会长出来并生产更多食物。不过，它的第一份食物来自厚实的鳞叶。

/花儿和它的朋友/

风信子的肉质鳞茎块头很大，满是淀粉和其他营养物质，用以供养里面幼小的植株。

　　这棵幼小的植株在鳞茎的中心，肉质鳞叶紧紧包裹着它，就像托叶保护着新叶。事实上，一个鳞茎特别像一个新芽。鳞茎的基部是一个又短又宽的茎。鳞叶长在上面，就像叶子长在茎干上。这些鳞叶交替排列，紧贴在一起。你要非常仔细地观察，才能发现它们的排列方式就像茎干上的叶子。毕竟，这些鳞片就是变异了的叶子。天竺葵的苞片是变异了的托叶，是为了保护幼小的新叶；而风信子的鳞叶是变异了的叶子，是为了保护里面的植株，并给它提供食物。

　　风信子鳞茎的中心还隐藏着一小簇花蕾，几片幼叶包裹着它。它们是白色的，非常精致，非常非常小。一到春天，它们就会开始生长，从球茎里探出头来，越长越高，超过了绿色的叶子，开出鲜艳的花朵。

熊　蜂

我是一只欢乐的熊蜂。

我在天空翱翔，无比快乐。

我在枝头飞翔，穿梭于花丛中。

我喜爱阳光，讨厌风雨。

我品味高雅，美名远扬。

我从不吃花粉蜜，这当然是在开玩笑呢。

花蜜和花粉是世间美味啊，

吃它们消化好，心情也棒。

我在窝里睡上一个冬天。

当三月的和风开始歌唱时，

我就会一头冲出来。

我相信，有人在等我呢，

你看，那风信子蓝色的花序

多爱熊蜂啊！

/花儿和它的朋友/

花蜜的记号

蜜蜂总是匆匆忙忙。它飞快地从一朵花飞向另一朵。

它老远就能看见花朵，然后径直飞向它们，选中最鲜艳的花儿，它知道鲜艳的花朵里盛满了花蜜。花朵里通常都有通向花蜜的记号，这样蜜蜂就不必四处搜寻，而是飞落到一朵花上，沿着鲜艳的记号找到蜜腺。记号有时是蜜腺前面的一个点，有时是指向蜜腺的一条线。它指引蜜蜂以一条最短的路线径直找到花蜜。由于蜜蜂非常匆忙，所以花蜜的记号是它的好朋友，帮它节省时间。

长春花

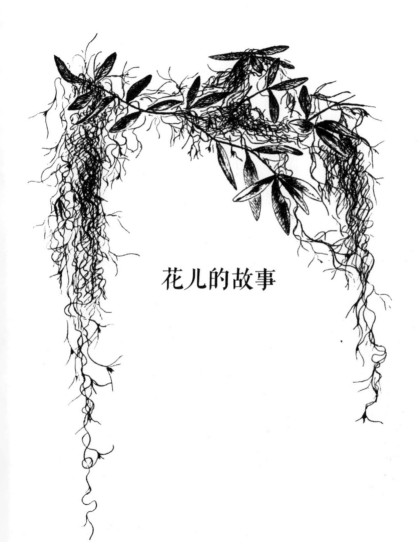

花儿的故事

我们和植物

竹芋

我们活着，植物也活着。但是也许我们和植物都没有花很多时间思考过彼此之间的恩情。

关于这个问题，植物情有可原，因为它们不擅长思考，至少目前看来是这样子。

我们欠它们很多恩情，这将是一个长长的感谢清单。我们应当时不时停下来思考这件事。

我们知道植物通过叶绿素吸收光能，进行光合作用后生产淀粉，这些淀粉存储在土豆、小麦、玉米、大米，以及各种各样的谷物和蔬菜之中。

我们还知道，植物的根从泥土中摄取营养物质，然后和叶绿体产生的淀粉一起储存起来，有的植物会把这些物质都存储在根部。所有动物都受惠于植物，吃的食物都由植物生产，我们也不例外。

你瞧，动物无法吸收二氧化碳、水、氮和其他气体，也无法吸收矿物质，并将之转化为食物。

植物默默地为它们做好这一切。然后，动物吃掉植物，吸收碳水化合物和植物中的其他物质，并转化为自己生存所需的各种各样的物质。可以说，世界上绝大多数动物都从植物那里获取食物。如果植物灭绝了，绝大多数的动物很快就会饿死。

"动物"一词是指除植物以外的肉眼可见生命体。从这个意义上讲，苍蝇、蜜蜂、牡蛎、毛毛虫，还有大象、长颈鹿那样的大块头生物都是动物。对了，我们也是动物。

如果植物有什么三长两短，动物世界就会陷入凄凉的困境。

不仅仅如此，我们人类还要为更多的事情感恩它们呢。

它们为大地遮蔽阳光，调节降雨量和淡水供应。有森林的地方就有溪流，大河流域全年都雨水充沛，比如说密西西比河的宽广河流得益于远方的森林。

巨大的树冠遮挡阳光，防止泥土里的雨水和露水快速蒸发，让大地保持着活力和美丽。

在森林被破坏的地区，当春季大雨从天而降时，雨水汇集成小溪一泻而下，可能会引发可怕的洪水。洪水退去，河流水位变得越来越低，直至几乎干涸。这种状况是一场大灾难，因为人们再也无法在这片曾经的森林附近种植庄稼，因为这个地区将一连几个月经历炙烤和干涸。

我们应当思考这些事，不能过分破坏林地。我们要植树造林，而不是过度砍伐和焚烧树木。因为树木需要很长时间才能长大，所以保护现有的树木是一个更明智的做法。

松树

如果说我们还要为自己呼吸的空气感恩植物，你会怎么想？是的，在向它们表达感谢的时候，我们其实首先要想到这件事。

当然了，你知道氧气，它是空气的组成部分之一。空气主要由氧气、氮气组成。氮气在大气中的含量大约是氧气的四倍。不过，对我们来说，氧气是最重要的。氮气的作用是稀释氧气，如果氧气没有和氮气混合，我们会受不了高浓度的氧气。真正被我们所利用的是氧气。

氧气进入肺部，穿过肺泡进入血液；血液流遍全身，把氧气输送给数以百万亿计的细胞。我们需要大量氧气，一旦缺氧，我们就会死去。

绝大多数动物都需要氧气，甚至地下的蠕虫、水里的鱼和牡蛎也都需要氧气。所以，大量氧气在不断地被消耗。

我们吸收氧气，呼出二氧化碳，世界上有数以百万计的动物也在这样做。如果这些二氧化碳没有排走，那么迟早有一天，大气中会充满二氧化碳，那时我们全都会面临生命危险。

而植物吸收二氧化碳，释放动物需要的氧气。不仅如此，它们还会像我们那样呼吸。它们全身上下，凡是有气孔或表皮薄得能让空气透过的地方，都在呼吸。

植物一方面吸入二氧化碳作为食物，另一方面还排出二氧化碳作为废物。这听起来相当矛盾，不过对它们来说这没啥好纠结的：它们才不在乎自己是否前后一致呢。

你瞧，这是植物不同部分运作的结果。叶绿体吸收和分解二氧化碳，释放氧气；除了叶绿体，其他细胞吸收和消耗氧气，从植物的气孔和表皮薄的地方排出二氧化碳废气。

所以，植物在呼吸的时候，也会给空气增加一点点废气。不过，它们吸收和分解的二氧化碳远远超过释放的二氧化碳。总而言之，它们是强大的空气净化器。

每当看到植被茂盛的广袤森林时，我们也许就会想起，这些缠绕在一起的藤蔓、树木和奇怪的植物，就像庭院里的草坪和灌木，也同样是我们的好朋友。

还有一位清道夫一直在为我们带来纯净的空气，带走我们呼出的废气。这位清道夫就是气流。风拂过地面，把森林里的氧气吹到拥挤的都市，然后把都市里的二氧化碳吹到旷野和林间。风还会搅动水生植物和鱼儿栖息之处的河水，增加水中的氧气量，让水里的生物都能呼吸顺畅。

风吹拂大地，把氧气带给人们，把二氧化碳带给植物，植物得到二氧化碳会非常高兴。

想到这一点后，我们也会很高兴，因为对于它们的所有恩惠，我们终于能够给予一些回报。

你瞧，我们和植物彼此需要，风还是我们共同的朋友。

亚麻花

花朵由什么构成？

我觉得，花朵是由糖类、气味和一切美好的物质构成的。事实如果不是那样，那么至少也非常相近，因为我有充分的理由去相信这一点。

花朵和植物其他部分的构成都取决于原生质。如果是原生质生产出糖类和香味，还用这种方法长出花朵，那么我们应该特别想要了解原生质。

植物身上凡是绿色的部分，都有小小的叶绿体在茎和叶的表皮之下经营淀粉工厂，制造淀粉。

可以说，植物的木质部和韧皮部是由碳水化合物构成的。除此之外，植物中还有一样与淀粉同等重要但又非常特别的东西，那就是原生质。

菊花

植物都含有大量糖类。如果你还记得丁香花，那么你至少会承认，有一些花朵还是由气味构成的。

桂皮是一种植物的外皮，它也有气味。如果你熟悉橘树，你将会乐意地说"它是由糖类、气味和一切美好的物质构成的"，因为整棵橘树的枝干、树皮、茎、叶子、花朵、果实，都是又香又辣的。

油是植物中的另一种常见物质，它由植物中的油脂提炼而来。我们都知道，油脂由碳氢氧构成。棉籽油、大豆油和玉米油，是我们都熟悉的油。

所有坚果都富含油。刚摘下的橘子皮特别富含油，我们一剥橘子，油就会沿着我们的手指流下来。

一株植物中所有的组成部分——淀粉、糖类、油、气味、木头、树皮——都由细胞中的原生质创造而来。

根吸收水和养分，由维管组织运送到植物全身。随着汁液的流动，每个活细胞从中吸收自己需要的元素，然后生成自己需要的物质。例如，橘子皮中的一些细胞从汁液中吸收需要的元素，以合成新鲜橘子皮中清香又刺鼻的油；同时，其他细胞也会吸收自己需要的元素，用来生产自己需要的东西。

菊花

花朵变成了什么？

早春，雪花莲和番红花探出头来。不久之后，它们便凋谢了。对此，我们并没有考虑太多，因为有其他花儿盛开了，接替了它们的位置。

春美草和血根草在林间绽放。不久之后，它们也凋谢了。不过，茄参草长出了伞状的叶子，然后，耧斗草和玫瑰也都开放了。

过了一段时间，我们再也见不到茄参草和耧斗草，只看到黄色的果实和棕色的果实。

天南星安静地在初夏开花。不久之后，它就没了踪影。只有在夏末，我们偶然还能看见一小簇又亮又红的红浆果躺在地里。

我们通常不太可能会把它们和天南星联系到一起，可它们就是天南星的浆果。天南星变成了什么呢？

秋水仙

115

花儿的故事 >

到了秋天，玫瑰叶凋落，只剩下红色的茎和红色的果实。

牵牛花的藤蔓在第一次结霜后就枯萎了，变成了黑色，化为了尘土，我们再也见不到它。又或者，它的茎变成棕色，变得坚硬，过了一段时间后，它也会消失得无影无踪。牵牛花变成了什么呢？

霜冻对旱金莲造成了巨大伤害。它的叶子枯萎，变成了黑色，茎变得柔软，平躺在地上。

为什么会这样？你说，是霜冻杀死了它们。不过，还是没有回答它们变成了什么。

霜冻到底有没有杀死雪花莲、番红花、血根草、春美草、天南星和伞状叶子的茄参草呢？总之，它们全都消失不见了。我们只能找到天南星的红浆果和茄参草的黄色果实，除此之外，完全没有雪花莲、春美草和番红花曾经存在过的痕迹。

要是你跟我一起去探访地表之下十几厘米的

地方，我将会给你看样令人惊奇的东西。快点跟我走吧！

现在，请环顾四周。你是否曾梦想过，生命中会出现如此可爱的东西呢？古老的大地母亲身上到处都是白色和棕色的小球形茎或块状根。它们在那里，就像待在种荚里的豌豆那样舒服。它们的数量成千上万，四面八方都是它们的身影。

你想知道它们是什么吗？

它们是我们的朋友，春夏时开过花的雪花莲、番红花、春美草，还有茄参草和天南星。

兰花

这些球形茎和块状根满载着植物的食物，并为植物提供休息的地方。也就是说，植物蜷作一团，在这些球形茎和块状根中冬眠，直到来年春天才醒来。

来年初春，它们还没等到雪停就已开始探出新芽。雪花莲等不及了，它有时还会在雪中开花。没过几天，看上去死气沉沉和光秃秃的树林就变得欢快起来。那是因为在地下的球形茎中冬眠的植物苏醒了。它们吃掉存储在里面的丰富食物，像被施了魔法一样快速地生长。它们在阳光下发芽；它们摇摆着甜美的花朵；它们招呼冒险的昆虫过来品尝花蜜，给它们送来花粉。

　　它们的叶子又绿又嫩，这些叶子工作特别卖力，因为植物已经把地下球形茎或块状根中的食物全部吃光了，所以当春天来临时，叶子和根必须生产食物，重新存储到球形茎或块状根。

　　现在是做这件事情的好时机。春天，空气湿润，阳光温暖。天经常下雨，植物能够得到充足的水分。

　　来到这个世界上一定是一件有趣的事情！在幽暗的树林里绽放鲜艳的花朵多么愉快！它们摇曳着茎干跳舞，它们的种子成熟了；早在迟钝的玫瑰花打算睁开眼睛之前，这些地下球形茎和块状根就已经完成了生长。种子也已经成熟，准备漂泊四方。新球形茎装满了植物的食物，新食物被存储在块状根中。处于地下的很多很多球形茎和很多很多块状根都度过了一段愉快的时光。

现在，这些植物的工作已经全部完成了。它们疲倦了，想要睡觉了。它们害怕夏天的酷热和干燥。它们可不希望自己和那些正要茂盛生长的植物挤在一起。

"我们要休息一下，让其他植物来接替我们的位置吧。我们已经享受过空气、水和温暖的阳光。"它们好像在这样说，"我们吸收了阳光，把它转化为能量存储在球形茎或者块状根中。现在，我们要好好休息了。"

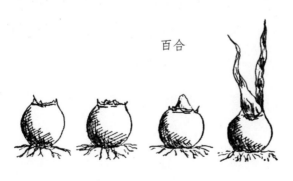

百合

于是，它们睡着了。叶子很快落下来，一片一片地，就像被遗弃的老房子那样。它们摔落在地面上，浸泡在雨水中，化为了尘土。它们没有消失，而是被其他植物吸收，转化成它们的养分。

果实也是如此。当种子掉落后，果实剩余的部分也裂成一片一片掉落下来，变为其他植物的养分。

不过，种子是有生命力的。它们躺在泥土中，等时机一到，它们就会苏醒发芽。这个时候，新植物也从地下球状茎或块状根中抽出新芽来。

"那么玫瑰呢？它不是在秋天死去了吗？""你为什么会这么想呢？难道它不会在来年春天苏醒，披上绿叶和绽放花朵吗？已死去的灌木可做不到这一点。"

玫瑰叶子整个夏天都在工作，

秋天玫瑰凋谢

它们把食物存储在根和茎中。当非常要命的霜冻降临时，叶子就会知道停止工作和开始冬眠的时候到了。不过，整株植物在地下的根和茎还活着。

凋落的叶子变成了其他物质。它们碎裂成无数细小的颗粒，颗粒中的组分也互相分离，与其他组分结合。叶子以这样的方式，有一部分变成气体，进入到空气中；还有一部分变成固体矿物质，根从泥土中吸收了它们，用来输送给新叶子，帮助新叶子生长。

当叶子中的原生质准备结束这一年的工作时，玫瑰和很多其他的植物，特别是树木，它们的叶子就会发生特定的改变，呈现出各种亮丽的颜色，植物以这样的方式宣告自己准备休息了。这些亮丽的色彩让秋天的树林变得异常迷人，很多人觉得这是因为霜冻，其实不是，这是叶子发生特定的改变引起的。在准备掉落前，叶子就会披上亮丽的色彩，就好像果实成熟时那样。这是叶子即将要凋落的信号。为什么叶子会凋落？因为这样是最好的选择；它们转化为腐叶土，成为来年新生植物的食物。

叶子凋落不是一个意外，也不是依靠风。植物自有一套办法。不论有风无风，只要时机成熟，叶子就会这样做。不过，风确实提供了一点帮助。叶子掉落前，连接叶茎和枝干的细胞会干瘪、收缩，直到叶子与植物完全分离。凋落的叶子没有嫩叶多汁，它的汁液已经干涸，只剩下死气沉沉的叶脉和表皮，准备入土为安。

当树木和灌木、球状茎和块状根都在存储食物的时候，牵牛花和旱金莲在干什么？它们没有把食物输送给根或茎，因为它们来年不会再次生根发芽。它们现在变成了什么呢？

你说，它们死了。我可没这样说。我会说，它们变了。它们结下了种子，当然了，种子还活着。牵牛花种子和所有其他野生植物的种子一样，都不会被冻坏。

你清楚地知道，植物的生命力就蕴藏在种子

里。藤蔓和叶子会被冻伤。它们无精打采地跌倒在地上，并发生了改变。构成它们的微小组分放开彼此，以新的方式与其他组分结合在一起。它们变成了气体飘散在空气中。这些气体被风吹走，遇见新的植物，被吸收成为叶子和茎的一部分。

在这些结霜的藤蔓中，有些粒子没有变成气体。它们与其他粒子分开，下沉至地下成为矿物质，被下个季节生长的植物的根吸收。还有些叶子躺在泥土中，变成了腐叶土，它们也会被吸收成为新植物的一部分。所以，当牵牛花或旱金莲藤蔓消失不见的时候，它们并没有真正消失，它们只是改变了形态。

这些粒子并没有变成一株旱金莲，而是可能成为其他植物的养分。所以，我们说的死亡，只是改变了形态而已。每株植物的每个组分都没有消失。

如果没有植物重新变回气体或矿物质，没有养分供新植物生长，也没有空间供新植物生长，那么这个世界就不会再有植物生长，也不会再有花开。

那样的话，植物也就不再结下种子，因为它们永远不做非必要之举。如果世上没有种子，也就不会再有花朵。如果植物永远不再改变，就是我们说的死亡，那么这个世界将会变得多么死气沉沉啊！一株古老的植物只能永远活着，没有花朵、没有含苞待放的花蕾、没有柔和的春绿色、没有亮丽的秋色。

植物死亡是一件好事，我喜欢把这叫作发生改变。

旱金莲

全是叶子

说到底，玫瑰花其实都是由叶子组成的。紫罗兰、百合花、旱金莲、金银花，还有你知道的所有花都是这样。

你不相信吗？那是因为你对叶子了解得太少了。要是了解更多，你自然会相信了，请试一试吧。当你知道了花朵从哪里来，还有它们是怎样变成花朵的，你也许就会改变对一些事情的看法。其实，不知道这些也没关系，因为有一件事你肯定知道，只要你学习过地理，了解过行星、地壳和相关知识。

金银花

在很久以前整个地球上都没有花。什么？你难道不知道吗？你肯定知道的。很久以前地球上没有生命，至少没有我们现在说的生命。那时候气候炎热，生命无法存活，甚至连火蜥蜴也不能，据说火蜥蜴生活在火里，这当然是假的，因为它和你一样怕火。

人们说地球曾像现在的太阳那样火热，只是一团炙热的气体和融化了的岩石与金属。

你没有见过这幅景象，也不可能了解它，更重要的是，你也不会想要看见这番情景，你会害怕靠近它。

你不可能找到长江和黄河，甚至是太平洋，也找不到喜马拉雅山脉，你找不到它们的原因，是那时候它们还不存在。

你动动脑筋，想象一下当时的情景吧。水和矿物质在最可怕的风暴中旋转，全都在冒泡和沸腾。在这种天气下，你只想离地球远远的。因为即使是到北极去休息，你也一点都不会感到凉快或舒服一些。

这样子大概持续了约十几亿年。在这段时间

里，地球一直在慢慢地降温，直到它变得非常凉快，物体就开始变得坚硬，于是干燥的陆地出现了。不过，大自然母亲那时候还异常兴奋，时不时就会有地震和火山爆发。古老的地球，或者说它曾经很年轻，它越年长越平静，越年长越安定，于是形成了现在的地貌。又过了一段时间后，它变得非常冷峻和年迈，于是就有了皱纹，就像晚秋时的苹果皮。你知道那是什么吧！事实上这些皱纹就是巨大的山脉。

你不必非要相信这一切，除非你自己愿意。不过，这是事实，因为远比你我博学的人，也是这么说的。

这一切和叶子又有什么关系呢？

这和叶子有密切关系，就像茶水沸腾和炉火有关系一样。当然了，当地球还过于炎热的时候，地上是不长任何东西的。温度一直在下降，直到生命终于开始出现。我不知道第一个生命是什么样子。没有人知道，因为那时候还没有人。所以就不会有人说起它，并记录下这一切。很有可能，最早的植物是一种奇异又柔软的叶子。到目前为止，我们确信是这样的。

过了一段时间后，生长着茎与叶的植物就出现了，开始繁荣兴盛。

毫无疑问，它们非常奇特，现今人们敲碎石头的时候，经常能够在里面发现这些古老植物的"照片"。

这些"照片"就是化石。不知道你是否已经了解了化石的全部知识；如果还没有，你迟早会知道的，只要你对它们感兴趣。

根据化石提供给我们的信息，还有来自其他方面的信息，我们确信早期的植物只有叶和茎，没有花朵。而且，早期的叶子一点也不像我们在树林或花园里看见的模样，它们可能又大又柔软，也没有纹理。如果捡起这样一片又松软又湿润的叶子，你会立即把它丢掉。不过，从没有人捡起过这样的叶子，因为那时候还没有人。

那个时候，地球还不适宜我们生活。陆地要么特别柔软又泥泞，要么特别坚硬又荒凉。要等到这些奇异的先驱植物慢慢地演变，与地球环境彼此影响并改变。

我们这些松软的老朋友开始工作了，它们决心塑造一个适宜我们生活的地球。它们的绿叶和茎吸入空气中的气体，并存储起来作为植物的养分。尽管后来，它们死了，但这些死去的植物做的好事，和它们活着的时候一样多。这些植物的一部分变回了气体，其余的部分沉入地下变为其他植物生长的泥土。

所以，这种松软的叶子是生命的启动者。

我们非常确信一件事，那就是早期的植物不结种子。当新植物从老植物中长出来时，它们只是从叶子或根部发芽，正像生存至今的某些古老的蕨类植物那样。

若把这种蕨类植物养在玻璃盒中，然后观察

老叶子的边缘生出新芽，这会是一件有趣的事情。这两三株新芽，机灵又卷曲，它们跌落到地面生根，不慌不忙地生长，活像从种子发芽而来的普通植物。

它们的繁殖方式跟远古植物的常见方式一样，即通过叶子自我繁殖。

没有花朵，没有种子。叶和茎承包了花朵和种子的活儿。你瞧，这些早期的植物是一些简单的家伙，每个部分完全可以胜任各自的工作。过了一段时间后，植物世界变得复杂起来。首先是因为地球变得更干燥，植物必须演化自己以获取水。早期的植物生活在水中，保证了它们一直都有充足的水，结构不必那么复杂。水对于植物来说是一件头等大事。

再后来，地球变得越来越凉爽，气候温暖、湿润、均匀，这是植物的最佳生活条件，它们不需要担心任何事，虽然气候间或变得更冷，湿度更低。

那些生活在陆地上的植物必须要想一些方法去获取并存储额外的水。即便是生活在水中的植物，也要注意四周环境，找到一个适应温度变化的方法。

当地球变得更加凉爽和干燥时，不同季节里的冷热交替就变得更加显著。大草原和山麓在一个季节中非常炎热又潮湿，而在另一个季节中却非常干燥又凉爽，所以，生长在那些地方的植物就必须要找到一个方法，适应这些变化。于是，叶和茎的分工就变得更加明确了。叶子可能会这样说："我们要做不同的工作，彼此分工明确。为了不被风撕成碎片，我们要长出坚韧的叶脉，我们要让汁液在叶脉中流通。我们还要长出厚实的皮肤用来呼吸，抵挡炙热的阳光。"

于是，生活在炎热平原上的植物长着又小又厚的硬叶，生活在潮湿阴暗的树林中的植物长着又大又薄的柔弱叶子。

你瞧，这样，它们就有了不同的分工。这并

丝兰

不是一夜之间就发生的，而是非常非常缓慢的，就像你今天完全觉察不出一片草叶的生长那样，这种缓慢的变化年复一年都无法觉察出来，不过你确实知道它在生长。

最先发生改变的，也许是生长在沼泽地边缘的那些植物。河水退了，陆地便逐渐显现并变得更加干燥。当这些植物所能获得的水分减少时，它们就不得不去做两件事：作出改变以适应新环境或放弃尝试等待死亡。它们很有可能死了一大批，或是河水退得太快来不及改变，或是不知道怎样改变。不过，有些植物知道怎样改变，它们柔软的叶子变硬了，长出了叶脉和厚实的表皮。于是，它们幸存了下来。

现在，你就能明白"适者生存"这句名言的意思了吧。那些调整自己以适应周围环境的植物或动物是最强的，它们跟随外部环境的变化而变化，并繁衍生息。

在远古时候，新植物会从老植物的任何部位

长出来。正如前面提到过的，新芽会从古老的蕨类植物叶子的任何部位长出来。

当生长变得越来越艰辛，比如植物要在一个时期应对炎热又要在另一个时期应对寒冷，一个雨季接下来是一个旱季，它们的叶子开始发生改变和分工合作。叶子的一部分为整株植物呼吸，一部分为自己准备吃喝，一部分为保护自己。

当地球上出现动物后，植物就成了它们的食物，所以植物不得不保护自己，以免被全部吃掉。于是，一些植物把茎和叶上的一部分变成锋利的刺，正像我们今天见到的山楂树和仙人掌那样。有一些植物，比如毛蕊花，在叶子上覆盖着一种惹人厌的毛，它们会粘在动物的嘴巴上，这样动物就不会再来吃它们。这种毛茸茸的外衣有两个作用：调节水分蒸发和抵御动物袭击。有些植物，比如乌头，会产生让人恶心的有毒汁液；而有

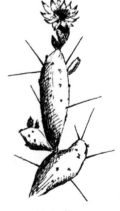

仙人掌

/ 花儿和它的朋友 /

些植物，比如荨麻，茎上覆盖着刺绒毛。

为了避免被动物吃掉，植物在茎和叶上做出了很多很多的改变。所有这些改变都是极其缓慢的。在这些改变发生之时，其他改变也在发生。凡是有生命的地方，就会有改变发生。生物一直在改变。

小小的蕨类植物从母株的叶子上掉落下来，一般来说，它像母株，但又不完全一样；它是它自己，它有一些自己的独特之处。你瞧，它在外形上发生了一些改变，用我们的话来说，这就是变异。每种生物都在自己的能力范围内发生变异，这种变异的能力在远古时候尤为重要；比起现在，那个时候地球环境变化剧烈，动植物会发生大得多的改变。

改变最多的也许就是茎和叶。我们知道，植物可以把茎和叶变成刺，也能变成其他东西。它们可以把叶子变成雌蕊。

当叶子分工合作后，有些植物让自己的一部

分特定的叶子，来完成孕育新植株的任务。许多蕨类植物一直以这样的方式生活到今天。

仲夏或夏末到树林里看看蕨类植物，你会发现有些叶子的背面有小黑点。它们有时在叶子边缘，有时在叶脉上，有时落在叶子背面。这些点里面装满了圆圆的颗粒。它们掉落到地上，最终长出许多蕨类植物。它们是孢子，有时被叫作蕨类的种子，其实这些粉尘粒并不是真正意义上的种子。不过，它们到最后还是实现了和种子一样的目的。

好吧，假定这些蕨类植物长着带点的叶子，假定这些粉尘粒确实是种子，那么我们就应该能在里面发现一个长着胚珠的子房。可是，蕨类植物的叶子并不是这样的，它们的做法还非常古老：卷起叶子当作雌蕊，在雌蕊里面孕育着种子。

时至如今，开花植物的雌蕊也还是这样构成的：一片叶或轮生叶序或一圈叶子卷到一起，种子就在里面生长。当然了，从远古至今，这些雌蕊叶子发生了极大改变，我们已看不出它们原本的模样。不过很久以前，雌蕊的祖先是叶子或叶子的一部分，雌蕊是演化后的叶子。这就像一个男孩把一根柳枝做成漂亮的哨子，哨子看上去一点也不像柳枝，不过它本质上还是柳枝。现在你明白了吧，花朵最重要的部分，归根结底还是叶子。花朵在本质上是由叶子组成的。

在知道雌蕊和它的种子是变异的叶子后，你也就不会对雄蕊也只是变异的叶子感到吃惊了。柔弱的小叶子的一部分卷曲到一起，形成了一个小室，花粉粒就在这个小室里面生长。

仙人掌

花儿的故事 >

到了这个阶段，植物已经装备齐全了。它们有花朵，显然不是特别漂亮，因为除了雌蕊和雄蕊之外，它们别无他物。不过，花朵就是花朵，不论它们是否鲜艳。

起初，只有雌蕊和雄蕊就够了。不过，每种植物都不希望自己被淘汰。它们尝试过各种方法来孕育出强壮的种子，让种子能在这个拥挤的世界中幸存下来。所以，当有些植物发现了异花受精的价值之后，它们终于知道了孕育强壮种子的方法。

昆虫飞过来，能把"邻居"的花粉带给它们。所以，这些植物就学会了引诱昆虫，让昆虫经常拜访。它们长出大量的花粉，这样除了让昆虫饱餐一顿，还有剩余的花粉留给其他植物。

它们本来有好几排雄蕊，正像现今的野玫瑰花或仙人掌花那样。不过，植物很快就发现，这些雄蕊还可以变得更有用。所以它们把一些雄蕊改造成了花瓣，为了让蜜蜂更容易看见自己并飞过来。

| 花儿和它的朋友 |

花药停止了生长后，这些花瓣一起开放，又大又鲜艳。所以，你瞧，花瓣也全是叶子，是已发生了极大改变的叶子。它们起初确实是叶子，后来是雄蕊，再后来是花瓣。

你如果想知道这是怎样发生的，那么下次有机会去观察一下睡莲。除非它是一株特别不随和的睡莲，不然你就一定能看到它的雄蕊是怎样变成花瓣的。

当然了，现在的花朵并不是每次开放都要经历这种改变。它们在很久很久以前就是这个样子，因为那个时候一切都还很不稳定。经过了很长一段时间的演化后，它们找到了方法，于是，在植物的新芽上，雌蕊、雄蕊、花瓣和萼片一起长出来。

萼片也来自于雄蕊。这些东西全部都是植物利用叶子演化而来的，它们包裹在一起形成了花蕾。所以当花朵绽放时，各个部分都已做好准备去完成自己的工作，而不用再做任何改变。

花萼随时准备保护花蕾，花冠招来蜜蜂和蝴蝶，雄蕊产生花粉，雌蕊产生胚珠。

不过花朵有时也健忘，长着长着又回归到过去，用古老的方法做事情。如果运气好到能发现这样的一朵花，我们就可以看看这究竟是怎样发生的。

玫瑰有时候就是这样，花朵退化为叶子。

我曾经见过一株玫瑰，它的花朵变成了叶子。雌蕊是叶子的形状，雄蕊也是。有时玫瑰花中间还长出一条新枝条，好像那里本就应该长出叶芽。当然了，这是一个非常难看的家伙，花不是花，叶子不是叶子。不过，它确实是启发了我们。

你猜一猜，重瓣花是什么？它们通常只是雄蕊变回了花瓣。

比起单瓣玫瑰花，重瓣玫瑰花的雄蕊更少。有时候，所有雄蕊都发生变异，变成了花瓣，这样玫瑰花没有半粒花粉帮助自己繁衍后代。那玫瑰花的种子是什么变成的呢？一般来说，它没有种子。重瓣花通常都没有种子，因为这些植物的生命力都花费在长出花瓣上，而不是必要器官上，比如雄蕊和雌蕊。

那么，这样的植物是怎样繁衍生息的呢？

有时仅仅是因为有人在照看它们。重瓣花通常都是人工培育品种。人们栽培它们，照顾它们，给它们肥沃的土壤生长，给它们浇水，必要时还给它们保暖。这样的植物看上去被培育得懒惰又无能，它们想要什么就有什么，而不需要付出任何努力，所以它们放弃了自力更生，甚至都不能繁衍自己的后代，就这样活着然后死去，没有种子留下来。如果让这样的植物自生自灭，它们要么很快就会消失，因为它们会被生命力顽强的植物淘汰掉；要么放弃做重瓣花，立刻改变习性，再次变回勤劳结种的植物。

我确信你对花冠的两件事情会感兴趣。第一件事就是，花朵是怎样设法把雄蕊变成花瓣的？第二件事就是，它们是怎样设法开出这么鲜艳的

花儿的故事 >

枫树

花朵的？

如果你一心想知道花瓣是怎样长成的，那么你必须要回顾一下远古时候，那时植物都没有花朵。随着时间的推移，植物在不断演化和适应环境的过程中，正像你所知的那样，把叶子卷起来变成雌蕊和雄蕊。不过，此时它们仍然没有花瓣。

雌蕊和雄蕊就是一个花朵，不管是不是有花瓣，也不管花瓣是什么样子，因为远古时候的花朵曾经就只有雄蕊和雌蕊。

光有一个花瓣并不是一朵花。你已经知道花朵的重要部分：雌蕊和雄蕊。一些花朵，比如榆树和一些枫树，甚至到今天都没有花瓣。当这些枫树开花时，你会看见树上点缀着鲜亮的穗子。这些穗子由长长的花梗顶端的雄蕊构成。雄蕊在微风中摇摆，花粉被吹到其他树上花朵的柱头上。

随着植物的生长和对周围环境的适应，它们结出的种子数量比有机会在泥土里找到生长空间的种子数量还要多。所以，一粒掉落下来的种子，

花儿的故事 >

要与这块地上的其他种子和植物竞争。可以说，一粒有缺陷或虚弱的种子根本就没有机会胜出，其他种子会把它淘汰掉。花园里每天都在发生这样的故事。娇嫩的花朵必须被照看好，否则强壮的野草就会杀死它们。我们拔除杂草，让花朵拥有整个花园。但在树林和田野里，每株植物必须自己照顾好自己，倾尽全力成为最强壮的。

植物为争取生长空间而作的斗争被叫作生存竞争。在一场生存竞争中，凡是有利于一株植物的事情，当然也对另一株植物有益处。正像我们知道的，异花授粉给植物带来极大的益处：这能结下更强壮和更优良的种子，异花授粉结种的植物通常会成为幸存者。

在雌蕊和雄蕊形成的地方，有大量营养物质被植物输送到那里，并在那里被转化。所以，那里常常会有甜蜜的汁液。很久以前，当昆虫在周围飞翔，闻到这种甜味时，它们就会毫不犹豫地飞过去，吃掉这些汁液，它们还会吃花粉。当昆虫从一朵花飞向另一朵花寻找食物时，花粉会粘在它们的腿或身体上一起奔向另一朵花。有时候花朵就是这样完成了授粉。

这样的花朵结下的种子是强壮的，最可能存活。这些种子生长出的植株也会继承之前花朵的这个特性，在花朵附近分泌甜蜜的汁液。

在昆虫采集花蜜时，它们触碰到的地方受到刺激，这让额外的汁液流出来浪费掉了，花朵很可能还要再去生产更多的甜蜜汁液，于是，蜜腺

三叶草

就发育出来了。

当第一次做一件繁重的体力活的时候，比如划船，回想一下，当时你手上皮肤发生的变化。这样，你就能理解蜜腺的形成了。

划了一会儿船桨后，船桨持续摩擦皮肤的同一个地方，刺激了皮肤；正像昆虫的舌头摩擦娇弱花朵的同一个器官，刺激了这个器官。皮肤上哪块地方被刺激了，血液就会流向那里；植物也是这样，当哪里被刺激了，汁液就会流向那里。当血液流到你手上被船桨摩擦的那块地方后，那里会变红和发炎，你会感到疼痛，最终皮肤起了水泡，而它下面又生长出新皮肤；如果你继续摇桨，手不会再继续起泡，实际上是这种新皮肤保护了被摩擦的地方，这就是我们说的"老茧"。那里的皮肤比其他地方的都要厚，它长出来的目的是保护那块地方。这样，我们就能理解植物器官受到刺激后会发生改变，然后慢慢形成了蜜腺。

你问，那么花瓣呢？好吧，想象你回到了远古时候，植物开出的第一朵花，只有雌蕊和雄蕊。这些原始的花朵可能并不艳丽，它们是植物生命刚刚起源的时候生活在很久很久以前的最早的花朵。

这些花朵没有花瓣，它们会分泌昆虫喜欢的汁液。这些早期的昆虫也是些古怪的家伙，和现今的昆虫很不像，除了都喜欢甜味和吃花朵上的嫩叶外。这些昆虫还吃花蜜，要是能找到的话；它们有时也吃花药和其他部分。更糟糕的是，它们很可能经常吃雌蕊，这对植物来说是特别糟糕的事情。

现在想象一下，一株强壮的植物分泌出大量花蜜。昆虫过来吃花蜜就饱了，根本不理会花粉和雌蕊。在昆虫靠近花蜜的时候，它们极易把之前花朵的花粉带给这朵花的雌蕊，同时它们的身体还会粘住一些这朵花的花粉。

于是，这株强壮的植物就完成了异花授粉，

147

花儿的故事 >

还让它的雌蕊免受伤害。它很可能结下强壮的种子，这些种子同样开出分泌大量花蜜的花朵。现在，记住这些必要器官：雄蕊和雌蕊，与植物的其他部分相比较，它们更容易发生变异。所以，在过了一段时间后，有些雄蕊发生了改变，那也就不足为奇了。你瞧，昆虫在花朵上行走，贴在花朵上，这或多或少刺激了花朵，花朵有可能因此而发生改变。

如果一排雄蕊满载着汁液，却不知道拿这些汁液怎么办。那么这些雄蕊只好伸展得更宽一些，变得更像叶子一些，不变的是雄蕊的黄色或淡白色。这样，这朵花在老远的地方就能被昆虫看见，昆虫会径直飞向它，因为昆虫有最敏锐的视觉，能从很远的地方看见亮丽的色彩。

你知道接下来会发生什么吗？凡是雄蕊经历了这种改变的花朵，大量地被异花授粉，那就是说，它们的种子从另外一株强壮的花朵上得到新花粉，而且从这些种子生长出来的植物遗传了母株的这一特性——部分雄蕊变成了花瓣的样子。为了结下强壮的种子，花朵就算失去一些雄蕊也非常值得。随着时间的推进，这些像花瓣的雄蕊越来越朝着一个方向改变——那就是变成越来越完美的花瓣，最终它们完全没有了曾经是雄蕊的痕迹。

当然了，没有人可以说事实就是这样。不过，它有可能是以一种相似的方式发生的。有些

卷丹

相关的证据，若感兴趣，你可以找书来读一读。

所以，你知道了，花朵只是叶子而已，发生了巨大改变的叶子。

当动植物变成一种新样子时，它们有时还会变回去。有些植物曾经有花瓣，而后又失去了花瓣，回到原来没有花瓣的样子。这种回到远古时代的改变，叫作退化。有时候发现一朵没有花瓣的花，我们很难分辨出：它是出于某些原因而没有发生改变的原始样子，还是经历了演化的植物又退化回原始样子。尽管这样，我们通常还是能从花瓣和萼片发现花朵退化的痕迹。

你瞧，花的形态取决于外部环境。如果外部环境（当然包括昆虫这样的访客）促成花瓣演化，植物就会这样变化。如果出于一些原因，它们能以其他方式更轻松地生长和授粉，例如就像枫树那样产生大量轻盈的花粉，然后被风吹走，那么它们的花瓣就会逐渐退化，因为它们越来越不依赖昆虫，而是越来越依赖风进行异花授粉。一切生命都不是静止不变的。它们总是在运动，前进或后退。

　　人类也是这样的。我们不能一成不变，我们必须不断演化，变得更明智、强壮、优秀，否则我们就会倒退。

朱顶红

古老的印记

最初，花瓣好像都是彼此分离，一片一片的。有些花朵至今仍然是这样。我们称之为"离瓣花"，意思是有许多独立的花瓣。其他的花朵，例如牵牛花，并不是由独立的花瓣组成，而是一个由合生的花瓣组成的漏斗状花冠。

这朵牵牛花舒展着靓丽的漏斗状花冠，向我们诉说着一个小故事。

它告诉我们，牵牛花曾经长着几片花瓣。让我们先猜一下，我们可能会说五瓣，因为牵牛花好像很偏爱数字五：五个蜜腺，五个雄蕊，还有五片花瓣。

猜对了！曾有一段时间，牵牛花的祖先有五片花瓣。为了变成与自己祖先不同的样子，牵牛花花费了好长时间。远在伟大的金字塔被建造之前，它们就

风毛菊

/ 花儿和它的朋友 /

在不停地工作，目标是为了把五片花瓣合生到一起。牵牛花做到了，花瓣紧密地合拢形成花蕾，然后整个花冠一起美丽地绽放。

牵牛花现在没有了五片花瓣，不过仍旧留下蛛丝马迹。看一看边缘上的凹口，它们在两个蜜源记号的中间。这告诉了我们什么？

数一数凹口。你瞧，有五个呢。

看一看从凹口到花朵底部的线条。

花冠看上去好像沿着这些线条被折叠过，你可以在凹口的底部清楚地看见这五条长长的折痕。花朵在花蕾里是沿着这些线折叠的。不过，我们觉得这些线条还有另一个意义。

请小心翼翼地沿着线条撕开花冠。你看，这事并不好做。现在花冠被撕成五片，就像五片花瓣，只是它太柔软了，无法挺立起来。我们觉得，它们曾有一段时间就是长这样的，五片花瓣分离，全都挺立着，那时它们一定比现在硬，也许没有现在长。之后花瓣的边缘开始合生到一起，这个过程持续了很长一段时间，最后每片花瓣的边缘全都紧紧生长在一起，只有凹口的那个小点没有合上。

幸运的是，牵牛花留下了这个小凹口，还有花瓣合并处的线。正是这条线告诉我们牵牛花过去长什么样子。

当它们最终合生到一起后，每个花瓣也就不再需要保持坚硬，因为这种形状本身就非常坚固，再后来它就不再消耗有用的物质让花瓣变得坚硬，因为那样会浪费植物的汁液，植物也不喜欢浪费汁液。当它们发现自己就算是放弃了曾经必需的某样东西也没什么事的时候，它们就会彻底放弃这样东西。生命短暂，不应当有一丁点的浪费。只有蜜蜂采集花蜜要经过的花冠筒和花萼还保持着坚硬。坚硬的花萼是对含苞待放的花蕾最好的保护。

你瞧，牵牛花不仅美丽，还很聪明。

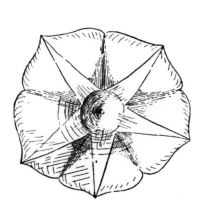

花瓣合生的牵牛花

为什么花朵又大又亮？

---◆---

为什么花朵又大又亮？

我们不是说，它们总是又大又亮。有些花朵本身就不是这个样子的。

慈爱的大自然母亲看着花朵出现在大地上，她钟情于让它们变得又大又亮。

她是怎样做到的？让我们来瞧一瞧。这里有一片植物，它们都在开花和结种，其中有些植物长得更强壮和漂亮些，而它们结下的种子，自然更加强壮和漂亮。过了一段时间，种子发芽了。不过，特别弱小的种子不会发芽，大自然母亲就分配一份工作给它们。"亲爱的，你有别的工作要去做。"她低声说，让它们沉睡。它们在沉睡中体内的物质发生了改变。这些物质彼此分离，一部分成为气体飘散在空中，一部分沉入泥土变为矿物质。这些气体和矿物质并没有消失，它们会被其他植物吸收，让植物变得更强壮。

"这也是一种存在的方式。"大自然母亲轻声对这些不能发芽的小种子说。它们非常开心。它们非常高兴自己有机会去帮助其他植物生长。

许多种子发芽了，但并不是全都能长大和开花。地面上没有足够的空间让所有种子成长；空气中没有足够的食物喂养这么多植物。

大自然母亲慈祥地看着这些正在生长的植物。她微笑着，对着那些拼命在阴暗地方生长的植物摇摇头。"亲爱的，"她轻声说，"你有别的工作要去做。"

夜来香

于是，黯淡的小植物不再挣扎，放弃生长。它们变成飘散在空中的气体，或泥土中的矿物质和其他物质，让其他植物愈加强壮。

它们凋零了，却特别快乐。对它们

来说，这也是在完成自己的使命。

"这也是一种存在的方式。"大自然母亲轻声说。之后，大自然母亲拜访了所有弱小的植物，所有生长在贫瘠泥土里、光照太多或太少地方的植物，让它们沉睡。

含羞草

/ 花儿和它的朋友 /

强壮的植物从它们提供的养分中得到滋养，继续在这个世界上努力地工作，努力想绽放出美丽的花朵。并非所有开花植物都一样优秀，但只要它们足够强壮并能找到食物，大自然母亲都会放任它们生长。最后，花朵开放了。强壮的植物绽放出又大又亮的花朵，五颜六色，芳香四溢。稍弱的植物也尽了全力，尽管花朵没有那样又大又鲜亮。

　　大自然母亲微笑地看着它们，因为她爱它们，她还会告诉它们接下来要做什么。蜜蜂过来了，飞向鲜艳的花朵。这些花朵有很多花粉和花蜜。蜜蜂知道这一点，因此它们会忽略那些又小又暗的花朵。

　　当蜜蜂没有飞过来的时候，大自然母亲轻声对小花朵说："亲爱的，没关系，你有别的工作要去做。"于是，它们快乐起来，尽管它们的胚珠没有得到花粉，也不会结下种子，但它们还是开心地去做大自然母亲交给它们的工作。

强壮的花朵得到良好的受精，结下强壮的种子；弱小的花朵没有得到良好的受精，无法结下许多种子。这样，年复一年，一个世纪又一个世纪，大自然母亲看着大地上的植物，鼓励强壮的植株生长，帮助弱小的植物找到其他工作。

这就是花朵如此鲜艳的原因。

这就是我们说的自然选择，正是自然选择让地球变得如此美丽。

花朵是怎样绽放的？

很久很久以前，有一种小植物生活在沼泽地，我们就叫它"一代"。这么叫它，并不是因为它是这种植物最原始的样子，而是因为这是我们第一次见到它。

它有五片小小的黄色花瓣，五个小小的雄蕊，还有一个子房。当它的 种子成熟后，强风把这些种子吹到沼泽地边上的干燥陆地上。

可怜的小种子远离了熟悉的潮湿的沼泽地，它们无法发芽生长。不过，它们要全力以赴。其中有些还是想办法发芽了，不过它们很快发现泥土太干燥，阳光太炙热。于是，它们说："我们还是去做其他工作吧！我们去帮助其他植物，别自己生长啦。"然后，它们就变成了气体、矿物质和其他物质。

不过，有少数种子还在继续生长。它们开花了，结了种子。大自然母亲帮助它们长出更坚韧的表皮，教会它们在干燥的气候中紧紧地闭合气孔，这样它们体内的水分就不会流失。

你瞧，它们早已不同于自己的父母，尽管表面看上去好像没什么两样，实际上这种差异是非常细微的。这些新植物的种子将在下一个季节发芽。它们并没有艰苦求生，它们清楚自己要去怎么做，它们中最优良和最强壮的还长出了一些毛覆盖住气孔，这样水分就不会流失得太快。

碰巧有一个非常炎热干燥的季节，所有植物都停止了生长，除了这些长有毛的植物。死去的植物变成了气体、矿物质和其他物质去帮助其他植物。长毛的植物顺利挺过了这个干燥的季节，它们结下了许多种子。这些种子发芽了。新植株对那些毛有记忆，所以也长了许多毛，还有一些全身都覆盖了柔软的毛。

这些毛特别管用，因为在这样一个异常炎热

干燥的季节，只有这些长着毛的植物在继续生长，其他的都变成了气体、矿物质和其他物质。长毛植物的种子被吹到广袤干燥的陆地，远离了沼泽地。它们已经学会了在干燥的土地里生长，如果看到这些长毛植物，你难以想到它们是由柔滑多汁的大叶沼泽植物演化而来的。它们的茎坚硬，它们的叶子又小又硬。我们不再叫它们"一代"，它们已经发生了巨大改变。

那么我们就叫它们"二代"。"二代"开着小黄花，就像它们的祖先沼泽植物那样。有一天，"二代"的一些种子被吹到了树林边上，那里的泥土肥沃，空气潮湿，非常适宜"二代"的种子生长。它们长成了非常健壮的植物，汁液丰富，枝繁叶茂，所以它们的花瓣比普通"二代"花瓣大两倍。这些艳丽的花朵有丰富的花蜜。蜜蜂当然会飞向它们，它们因此得到了良好的受精。这些花朵结下了许多种子。第二年，这些种子甚至能在周围邻居无法生长时生长，而且这些种子长出来的植物也能开出又大又艳丽的花朵。

我们几乎可以确信，这些更加强壮的植物繁荣生长，最终它们的数量超过了那些花朵更小的植物。这对它们是有利的，因为连续几个糟糕的季节来临了，天气寒冷又多风暴，几乎没有什么植物熬得过去，只有最强壮的幸存了下来。

所有弱小的小花植物都死掉了，只有这些强壮的大花植株活了下来。它们一点都不像自己的祖先沼泽植物，我们叫它们"三代"。

有一天，"三代"的一些种子被吹到了一种新土壤上；它们吸收了新土壤中的养分，啊，有些植物开出白色的花朵，而不是黄色的。特别巧的是，白花植物比黄花植物强壮，蜜蜂也更喜欢它们。它们如此强壮又多汁，还富含花蜜。所以这些白花植物的数量大大增多，最后只看得见白色的花朵。黄花植物则逐渐减少，直到全都消失了。

我们就叫白花植物"四代"。

"四代"繁衍生息了很长一段时间，每年都结下种子，最强壮和最优良的种子茁壮成长，绽放花朵。有一天，一些"四代"的种子被吹到了炎热的沙土地上，这几乎要了它们的命，不过，有些设法活了下来。

　　这些植物的叶子比之前的都要更小更硬，而且数量众多；它们的花朵又大又白。它们变得偏爱沙土地，它们从沙土地吸收养分，改变了自己的汁液，它们的花瓣变成了淡淡的粉色。蜜蜂喜欢这些粉色花朵，也许因为它们的花蜜更丰富一些，也许因为蜜蜂能更容易地看见它们。不论是什么原因，蜜蜂几乎抛弃了白花植物，而是专门拜访粉花植物。于是，白花植物结下极少的种子，

而粉花植物则结下了许多。当种子发芽后，粉色植物比白色植物强壮，因为颜色的改变使植物增加了生命力。它们快速生长，并从泥土和空气中吸收养分。当白花植物见了这番情景后，它们说："现在是它们的时代了！"于是，白花植物就变成了气体、矿物质和其他物质，去帮助粉花植物生长。

很快，白花植物就不见了踪影，只剩下粉花植物还在继续生长，所以我们就叫这些粉花植物"五代"。

不过，一个巨大的危险在威胁着"五代"：牛和羊会吃它们的叶子。这些动物吃掉了太多叶子，许多植物就直接死掉了，只有最坚硬的植物还在继续开花和结种。它们的种子继续生长出茎和叶更坚硬的植物，而它们中最嫩的植物又会被牛羊啃食掉。这样持续了很长一段时间，这些植物每年都变得愈加坚硬，其中有些甚至茎上满是荆棘。

这些布满荆棘的植物没有被吃掉。又过了很长一段时间后，它们变成了长满荆棘的灌木。

我们就叫它们"六代"。

"六代"在沙土地上蔓延开来。这里几乎见不到其他植物生存。"六代"强壮的种子发芽，吸收泥土和空气里的养分。而碰巧被吹到了它们周围的种子没法存活，变成了空气、矿物质和其他物质，去帮助"六代"植物生长。

一天，一些"六代"种子被吹到富饶肥沃的潮湿土地上。那里有充足的水源，而且没有牛羊的骚扰，它们在那里发芽生长。荆棘最少的植物在那里占尽优势，因为它们能够更充分地吸收养分，绽放更大的花朵。于是，荆棘少的植物有了更大的花朵和更优良的种子，这些种子发芽生长，繁衍生息。而荆棘多的植物就越来越少。过了很长一段时间后，这些生长在肥沃土地上的植物没有了荆棘，它们开出了深粉色的花，而且花朵很大；事实上，有些还是鲜红色。

这些鲜红色的花朵引来蜜蜂。于是，它们存活下来，结下种子。

我们就叫它们"七代"。

由于一些原因，有些"七代"的种子长成了极其繁茂的植物，花朵里充满了花蜜。最终，正因为植物旺盛的生命力，花瓣的边缘合并到了一起。

结果证明，花瓣合生的植株是最成功的家伙。花冠筒里装着花蜜，蜜蜂喜欢钻进这些红色喇叭里。你明白发生了什么吧：花朵不再是离瓣花，它们合生在一起成为了合瓣花。花冠形成了舒适的花冠筒，有点像牵牛花的花朵，欢迎着蜜蜂的到来。

我们就叫它们"八代"。

这个故事，我们就不再讲下去了。不过，可以肯定的是，植物将会永远永远地演化下去。每当种子掉落在一块新土地上，它们必须作出改变，否则就会死去。这是因为从没有两种完全相同的生存环境，众多的植物中总是有些植物为适应新环境而改变自己。毫无疑问，许多不同种类的花朵就是以这样的方式出现的。

　　植物发生了无数次演化。如果你问我最早的植物叫什么名字，我真的无能为力，因为我不知道。不过，我知道，演化是大自然母亲孕育新花朵的方式。

舌头与漏斗状花朵

花朵是最适合雄蕊和花蜜待的地方，也最安全。花萼、软毛或黏汁保护着它们，蚂蚁和其他小昆虫看见这些温和的"提示"，就会远离它们。这些小昆虫迅速推断出自己的出现并不受到欢迎，尽管这有点伤害它们的情感，不过没有办法，它们只好服从。

有些花朵喜欢蚂蚁和小爬虫，它们大大展开着花冠，存储在里面的花蜜特别容易被采集。不过，可以确定，漏斗状花朵可不欢迎它们。

凌霄花

漏斗状花朵就像贴出一张白纸黑字的公告牌"闲人勿进"——花冠筒就是昆虫世界每位成员都能读懂的公告牌，无论一只昆虫说什么语言，也无论它识不识字。

当然，花冠筒绝不是要把每位访客拒之门外。

这个"闲人勿进"的公告牌，也是向某类昆虫发出的请帖。假如你碰巧是一只舌头长长的大个昆虫，就会知道许多漏斗状花朵都欢迎你。它们形状和大小正好适合你的舌头。此外，它们还出现在你最方便到达的地方。这就是你的花朵，它们是属于你的，因为花朵自有一套方法让花冠筒适合那些最爱自己的访客的舌头。并不只有花冠筒在做调整，舌头无疑也在演化以适应花朵。

当然了，其他长着相似舌头的昆虫也能采集到这些花蜜。还有些昆虫的舌头截然不同，却也能探到花蜜。不过，大部分花蜜是留给最受欢迎的访客的，它们的舌头可以伸到蜜腺的底部。如果最受欢迎的昆虫长着又长又细的舌头，那么漏斗状花朵也变得又长又细，似乎它们的花蜜是专为长着这种特别舌头的昆虫准备的。

白杜鹃和大个子的夜蛾是好朋友。白杜鹃花不仅给好友提供花蜜，还保护着花蜜，防止其他访客来偷蜜。不过，蜂鸟和蜜蜂例外。蜂鸟很受欢迎，而蜜蜂不管自己是否受欢迎，总有它们独特的入场方式。

如果在夜晚去看白杜鹃花，你看不见飞蛾，但是可以听到它们。在树林里，主要是树枝和树叶在微风中"沙沙"作响的声音、池塘里的蛙叫声、昆虫的吵闹声和夜行鸟儿的声音。突然间，出现了另一种声音，一个有节奏的"啪嗒"声越来越近，它好像就在你耳朵旁。这是飞蛾在拜访白杜鹃。白杜鹃喜欢这些翅膀荡起的微风，享受着长长的舌头伸进花冠筒的感觉。当飞蛾身体碰到向外伸展的柱头时，它就会留下自己喜爱的另一朵白杜鹃花的花粉。它从雄蕊上带走这朵花的花粉，再把这些花粉送给另一朵花。这让白杜鹃花感到幸福，因为它正等着飞蛾给它送来来自特别的朋友的花粉呢。

你瞧，白杜鹃花长着向上的长花丝，从花冠筒里伸出来，花柱比花丝还要长。所以，只有大

/ 花儿和它的朋友 /

个的昆虫或蜂鸟才能一边飞翔一边采蜜，同时还能把花粉传给柱头。

蜜蜂落到白杜鹃的花药后面采集花蜜。如果想要花粉，它们就会去雄蕊采集，但不会触碰到柱头，除非是偶然碰到。所以，不管大多数花朵有多喜欢和尊重蜜蜂，我们的白杜鹃花可一点也不喜欢它们。此外，蜜蜂还有一个坏习惯，它们会在花冠筒里咬出一个洞，以这

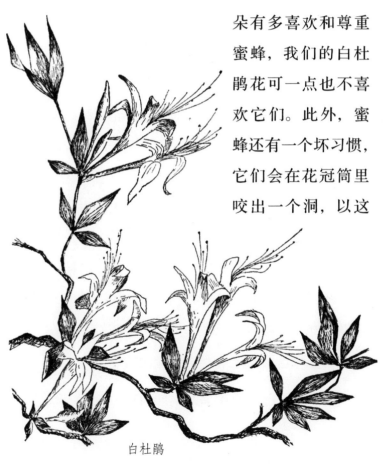

白杜鹃

种方式采集花蜜。对任何昆虫来说，这种行为都是在彻底抹黑自己的名声。如果蜜蜂对此不感到羞愧的话，它们真应当反省一下。

白杜鹃花为自己喜爱的飞蛾做了几件事情。它绽放漂亮的白色花朵，可能是为了它们。白杜鹃又喜欢在黑暗潮湿的灌丛中生长，如果花朵不是白色的，飞蛾就不容易发现这些花朵，因为它们是在晚上鸟儿都休息了以后才飞出来。白杜鹃花长着甜美的白色花冠，又细又长的花冠筒里面装着花蜜，飞蛾可以采集到它们，蜜蜂却不容易够到花蜜。看看蜜蜂是怎样尝试的吧。蜜蜂棕色的舌头伸入花冠筒，它好像踮起了脚尖，拼命把舌头往里伸。它蠕动身体，往花冠筒底部、花蜜丰盛的地方摸索。不过，它徒劳无果。白杜鹃的花冠生来就不是为蜜蜂而长，蜜蜂舌头太短了，而花冠筒又太长，只能采集到一丁点花蜜。也许这就是蜜蜂老是在花朵上咬一个洞的原因。

除了绽放白色的花朵，白杜鹃花还成簇生长，

| 花儿和它的朋友 |

这让它们在夜幕中更显眼。它们还会散发一种芳香的气味，飘散到远方，这是一张给飞蛾的请帖。

飞蛾能够理解这条讯息，知道白杜鹃花是在邀请它们，便风度翩翩地飞去了。

白杜鹃花非常甜美，因此，除了蜜蜂还有其他不速之客的话，这丝毫不奇怪。譬如，蚂蚁、虫子、蚊子和苍蝇都乐意过来，但白杜鹃花会以一种特别冷淡的方式接待这些不速之客。

在白色花冠筒外面的下半部，满是白色的小软毛，软毛尖是黑色的。这些白色软毛连成一条线，延伸到花瓣边缘，它们是白杜鹃花的"保镖"。每个黑尖流出一滴黏稠的液体。

茎和叶子上也覆盖着漂亮的黏毛。如果有倒霉的昆虫想要爬到花朵上，那么它们的翅膀和腿一定被死死地粘住，动弹不得。

白杜鹃

只有大个子的家伙，例如蜜蜂，才有力气挣脱，然后把腿清理干净。有时甜美的白杜鹃花外面粘满了小小的"偷窃者"，它们企图偷采花蜜但没有成功，因为被"保镖"逮个正着，它们立即被制伏了。

并不是所有漏斗状花朵都像白杜鹃花那样，能成功地专门为最有益于自己的访客提供花蜜。不过，许多花都做了尝试。瞧一瞧牵牛花，在蜜腺的入口有软毛，蚂蚁无法通过，但蜜蜂可以挤开一个入口。蜜腺的开口比较大，蜜蜂的舌头可以伸入，从花朵边缘通向花蜜的距离与蜜蜂的舌头差不多长。这里没有黏糊糊的保镖保护花蜜，蜜蜂、小甲虫和其他小昆虫经常爬进花冠筒吃掉花蜜，甚至还吃掉花朵。

旱金莲有一个漂亮的长花冠筒，为蜜蜂和蜂鸟盛满了花蜜。这个花冠筒和一些舌头或南美鸟儿的嘴巴相吻合。关于这个问题，熊蜂作出了很好的回答。熊蜂喜欢旱金莲花蜜，并帮助花朵授

/ 花儿和它的朋友 /

粉，偶尔红喉北蜂鸟也会啜饮一口花蜜。

凤仙花的号角是一个蜂鸟管，也是蜜蜂管。它的花朵在细小的花梗上优美地保持平衡，没有翅膀的昆虫是无法轻松找到入口的。

天竺葵也有花冠筒，又长又细。它可能喜欢蝴蝶，蝴蝶也喜欢它。于是，它们长出了适合彼此的舌头和花冠筒。发生改变的不仅仅是花朵，昆虫也作出改变来适应花朵。它们一边生长，一边适应彼此。

不论在哪里见到一朵漏斗状花朵，你都可以确定，一定有一条与它吻合的舌头。

夜来香和飞蛾

乳草和毛毛虫